FORSCHUNGSBERICHTE DES LANDES NORDRHEIN-WESTFALEN

Nr. 2060

Herausgegeben im Auftrage des Ministerpräsidenten Heinz Kühn
von Staatssekretär Professor Dr. h. c. Dr. E. h. Leo Brandt

Dipl. Ing. Ernst Gilbert, Sechtem bei Bonn

Forschungsgemeinschaft Pulvermetallurgie e. V., Schwelm

Verhalten von Sintermetall-Gleitlagern unter Grenzbedingungen bei hohen Gleitgeschwindigkeiten und bei tiefen Anlauftemperaturen

WESTDEUTSCHER VERLAG · KÖLN UND OPLADEN 1970

ISBN 978-3-663-03045-4   ISBN 978-3-663-04234-1 (eBook)
DOI 10.1007/978-3-663-04234-1

Verlags-Nr. 012060

© 1970 by Westdeutscher Verlag GmbH, Köln und Opladen

Gesamtherstellung: Westdeutscher Verlag

Inhalt

Verzeichnis der Formelzeichen 5

Einführung 7

1. Untersuchung von Sintermetall-Lagern bei hohen Gleitgeschwindigkeiten 7
   1.1 Einleitung 7
   1.2 Aufgabenstellung 8
   1.3 Versuchseinrichtung 8
   1.4 Versuchsergebnisse 10
   1.4.1 Orientierende Vergleichsläufe zur Bestimmung der erreichbaren Grenzgeschwindigkeiten an Lagern von unterschiedlicher Bauform und mit unterschiedlichen Schmiermitteln 10
   1.4.2 Das Einlaufverfahren 10
   1.4.3 Grenzbelastungskurve über der Gleitgeschwindigkeit bis zur Maximaldrehzahlgrenze von 30 000 U/min. Vergleich mit älteren Kurven bis 5 m/s auf Falz-Prüfständen 11
   1.4.4 Theoretische Überlegungen über die Reibungszahl als Kriterium für die Grenzlastkurve des Sintermetall-Lagers 11
   1.4.5 Reibungsmessungen und Auswertung 12
   1.4.6 Der Koeffizient k der Petroffschen Formel 14
   1.4.7 Sie Sommerfeld-Zahl 14
   1.4.8 Die Zähigkeitskorrektur des Schmiermittels 14
   1.4.9 Spezielle Untersuchungen des Hochgeschwindigkeitsbereichs zwischen 10 000 und 25 000 U/min des Lagerprüfstandes 18
   1.4.10 Einflüsse von Dichte, Kornstruktur und Oberflächenverdichtung des Werkstoffes und der Axialabdichtung des Lagerspaltes 20
   1.5 Zusammenfassung 21

2. Das Kälteanlaufverhalten von Sintermetall-Gleitlagern 23
   2.1 Einleitung 23
   2.2 Die drei Einflußfaktoren auf den Kälteanlauf 23
   2.3 Die Phasen des Kälteanlaufs 24
   2.4 Die Gestaltungseinflüsse 25
   2.5 Einfluß der Porenstruktur 27
   2.6 Die rheologischen Eigenschaften des Schmiermittels 28

2.7	Ergebnisse von speziellen langsamen Anlaufversuchen aus dem unterkühlten Zustand	28
2.7.1	Die Versuchseinrichtung	28
2.7.2	Untersuchung von vier strukturell unterschiedlichen Versuchsölen	29
2.7.3	Einfluß der Strukturviskosität	32
2.7.4	Großuntersuchung des Kälteanlaufverhaltens von 97 Ölen in sintergelagerten Elektromotoren	32
2.8	Zusammenfassung	34
3. Literaturverzeichnis		35
4. Abbildungsanhang		36

Verzeichnis der Formelzeichen

α = linearer Ausdehnungskoeffizient $\left[\dfrac{m}{m \cdot °C}\right]$

B = Lagerbreite [m]

γ = spezifisches Gewicht [kg/m³] und [g/cm³]

c = spezifische Wärme $\left[\dfrac{kcal}{kg \cdot °C}\right]$ oder $\left[\dfrac{mkg}{kg \cdot °C}\right]$

$c \cdot \gamma$ = Raumspezifische Wärme $\left[\dfrac{kcal}{m^3 \cdot °C}\right]$ oder $\left[\dfrac{mkg}{m^3 \cdot °C}\right]$

D = Lagerdurchmesser [m]

e = Exzentrizität des Wellenmittels im Lager [m]

η = dynamische Viskosität des Schmiermittels $\left[\dfrac{kg \cdot s}{m^2}\right]$ oder $\left[\dfrac{dyn \cdot s}{cm^2}\right]$

f = Reibungszahl (gemessener Wert) dimensionslos

f' = Reibungszahl (gerechneter Wert) dimensionslos

G = Geschwindigkeitsgefälle [s^{-1}]

h_0 = geringste Schmierschichtstärke [m]

k = Reibungsvorzahl, dimensionslos

χ = relative Exzentrizität aus gemessenen Werten

χ' = relative Exzentrizität aus errechneten Werten

n = Betriebsdrehzahl [U/min]

N = Gesamtkraft auf das Lager [kp]

P = Hebelkraft an der Reibungswaage des Prüfstandes [kp]

p = Druck in der Schmierschicht $\left[\dfrac{kp}{m^2}\right] = \left[10^{-4} \dfrac{kp}{cm^2}\right]$

R_t = maximale Rauhtiefe [µm]

R_a = arithmetischer Rauhtiefen-Mittelwert [µm]

S = Lagerspiel [m]

So = Sommerfeld-Zahl aus Meßwerten, dimensionslos

So' = Sommerfeld-Zahl errechnet nach Scheinviskosität, dimensionslos

t = Temperatur [°C]

τ = Schubspannung $\left[\dfrac{dyn}{cm^2}\right]$

v = Gleitgeschwindigkeit $\left[\dfrac{m}{s}\right]$

ψ = relatives Lagerspiel $\dfrac{S}{D}$, dimensionslos

ω = Winkelgeschwindigkeit $\dfrac{\pi \cdot n}{30} \left[\dfrac{1}{s}\right]$

Newtonsches Fließverhalten: Viskosität *nur* von Druck und Temperatur abhängig

Einführung

Die beiden im Titel der Forschungsaufgabe enthaltenen Themen wurden getrennt behandelt. Obwohl es sich um dasselbe Bauelement, das selbstschmierende Sintermetall-Lager handelt, machen die einzelnen Problemstellungen grundsätzlich verschiedene Erwägungen zu ihrer Lösung notwendig.
So wird auch die Berichterstattung bis zum augenblicklichen Stand der Untersuchungen in zwei Abschnitte geteilt, die eine getrennte Weiterverfolgung der beiden Aufgaben möglich machen.
Auf dem Gebiet der hohen Gleitgeschwindigkeit liegen Veröffentlichungen über Einzeluntersuchungen theoretischer und experimenteller Art vor, in denen überwiegend Grundsatzfragen des Schmierverhaltens von Massivlagern neben wenigen über selbstschmierende, poröse Sinterlager behandelt werden [1–8]. In der Frage des Kälteanlaufverhaltens von Sintermetall-Lagern stehen jedoch keine wesentlichen Literaturangaben zur Verfügung, auf die zurückgegriffen werden kann.

1. Untersuchung von Sintermetall-Lagern bei hohen Gleitgeschwindigkeiten

1.1 Einleitung

Da der Begriff »hohe Gleitgeschwindigkeit« relativ ist, soll zunächst eine Abgrenzung vorgenommen werden, die den praktischen Gepflogenheiten entspricht. Der Anwendungsbereich für Sinterlager umfaßt im wesentlichen elektromotorisch angetriebene Geräte mit Wellendurchmessern zwischen 1 und 10 mm Durchmesser und Drehzahlen bis ca. 20 000 U/min. Damit ist die Normalanwendung nach oben mit ca. 10 m/s Gleitgeschwindigkeit begrenzt. Mehr als 80% davon liegen bei Wellendurchmessern bis zu 8 mm Durchmesser und kaum über 10 000 U/min, so daß in Veröffentlichungen und Prospekten sogar gewöhnlich nur der Geschwindigkeitsbereich bis zu 5 m/s dargestellt wird.
Der Bereich der hohen Gleitgeschwindigkeitswerte, der im Zuge einer intensiven Weiterentwicklung interessiert, liegt danach also über $v = 5$ m/s. Er wird bei der vorliegenden Arbeit mit 30 000 U/min, nach der Auslegung des Versuchsgerätes mit $v = 30$ m/s nach oben begrenzt, da eine solche Forderung zu erfüllen sein müßte.
Betrachtet man das Grenzbelastungsdiagramm von Sintermetall-Lagern über der Gleitgeschwindigkeit nach Abb. 8 im Vergleich zum geschmierten Massivlager, so fällt der ungewöhnliche Kurvenverlauf der Grenzlast mit Höchstwerten für alle Sintermetall-Qualitäten um 0,5 bis 1,5 m/s Gleitgeschwindigkeit und die stark abfallende Tendenz danach mit steigender Geschwindigkeit auf. Beim Massivlager verläuft die Kurve hierzu direkt gegenläufig. Der bevorzugte Einsatzbereich bei Sinterlagern liegt daher im Gegensatz zum normalgeschmierten Massivlager im unteren Gleitgeschwindigkeitsbereich. Es gibt eine Theorie zur Berechnung dieses anomalen Verhaltens, [7, 8], wobei

man die Strömungsverhältnisse in den Kapillaren und das Öldruckverteilungsdiagramm zur Erklärung heranzieht. Die Berechnung ergibt zwar die abfallende Tendenz der Belastungskurve, sie deckt sich aber nicht genau mit entsprechenden Versuchsergebnissen. Die theoretischen Reibungswerte liegen dagegen bei dieser Theorie zu niedrig. Die Praxis stützt sich also fast ausschließlich noch auf Erfahrungswerte.

1.2 Aufgabenstellung

Der Einsatz von Sintermetall-Lagern im Gebiet der hohen Gleitgeschwindigkeiten erfolgt zwar heute schon vielfach, jedoch bleibt hierbei immer ein Risiko bestehen, da empfindliche Ölverluste und Überhitzungen bisher die Langzeitbewährung stark in Frage stellen. Gewöhnlich beschränkt sich daher der Anwendungsbereich auf kurze Einsatzzeiten und relativ geringe Lebensdauererwartungen von oft nur wenigen 100 Stunden.

Wollte man für den Bereich der hohen Geschwindigkeit größere Sicherheiten schaffen und die Belastungsfähigkeit erhöhen, so wird man nicht allein auf experimentelle Erfahrungswerte zurückgreifen können, sondern müßte die Unterlagen über die hydrodynamischen Gesetze noch erweitern, so daß man durch strukturelle Änderungen des Lagerwerkstoffes, durch Formgebung und Schmiermittelauswahl optimale Verhältnisse gezielt anstreben kann. Natürlich setzt dies auch eine Erweiterung unserer allgemeinen theoretischen Erkenntnisse im Bereich der niedrigen und mittleren Gleitgeschwindigkeiten, also eine grundsätzliche Erkenntnis des Schmiervorganges im Sintermetall-Lager voraus, aus der sich alle extremen Bedingungen ableiten lassen.

Die Ansätze für jede theoretische Betrachtung sind dabei die physikalischen Gesetzmäßigkeiten, die der hydrodynamischen Gleitlagertheorie für geschmierte Massivlager zugrunde gelegt werden. Aufgabe der Arbeit kann es nur sein, außer den theoretischen Überlegungen der Kapillarströmungstheorie weitere Abweichungen der Hydrodynamik im Sinterlager zu finden und zu erklären.

1.3 Versuchseinrichtung

Zunächst war ein Gleitlagerprüfstand für hohe Gleitgeschwindigkeit zu entwickeln, der zwischen ~ 0 und 30 m/s Gleitgeschwindigkeit kontinuierlich regelbar ist, Temperatur- und Reibungsmessungen gestattet und eine stetig veränderliche Belastungsvorrichtung besitzt (Abb. 1–3)*.

Der Antrieb erfolgt durch einen zwischen 50 und 2800 U/min kontinuierlich regelbaren Drehstrom-Nebenschlußmotor über einen Siegling-Flachriemen mit Übersetzung 1:14 auf eine Vorgelegewelle, die mit der Prüfstandswelle in Fluchtlinie elastisch gekuppelt ist. Die Vorgelegewelle ist gleitgelagert mit Umlauf-Ölschmierung und Ölkühlung. Die Kupplung enthält einen Sicherungsscherstift. Dieser und der Flachriemen ergeben eine genügende Absicherung gegen dynamische Zerstörung bei ruckartigem Fressen der Prüflager oder bei Wellenbruch. Eine zusätzliche Schutzhaube mußte wegen der Sicherheitsvorschriften bei der hohen Drehzahl geschaffen werden, jedoch ist sie niemals in Anwendung getreten, weil sich bei Überlastung der Antriebs-Flachriemen sofort von der Scheibe löst und der Sicherungsscherstift bricht.

Die Prüfwelle von 18 mm Durchmesser ist in zwei Stützböcken in Kugel- und Nadellagern gelagert. Zwischen den Stützen hängt auf dem freien Wellenstück ein zylindrischer Lagerträger aus Stahl (H-Profil), der die beiden Prüflager mit den seitlich abgrenzenden

---

* Die Abbildungen stehen im Anhang ab Seite 36.

Filzringen enthält. Der Außenzylinder des Lagerträgers dreht sich frei über einem entsprechend zylindrisch ausgearbeiteten Magneten, durch den die Belastung erzeugt wird. An einer Zerreißmaschine wurden die magnetischen Kräfte in Abhängigkeit von der Spulenspannung bei unterschiedlichen Spaltgrößen von 0,1, 0,2 und 0,3 mm zwischen Trägerzylinder und Magnet aufgenommen. Sie zeigen drei schwach ansteigende, aber nur im Mittelteil linear verlaufende Zugkraftlinienzüge (Abb. 4). Das erforderliche Belastungsfeld bei hohen Gleitgeschwindigkeiten liegt aber so niedrig, daß man mit genügender Sicherheit noch im linearen Teil der Kurven bleibt. Die Versuche wurden mit 0,2 mm Spalt gefahren.

Schwierigkeiten bereiteten lange Zeit die kombinierten Kugel- und Nadellager in den Stützlagerungen, so daß die meisten Unterbrechungen durch Versagen dieser Lager auftraten und sich jede Aufheizung durch Wärmeleitung der Welle den beiden in der Mitte angeordneten Prüflagern mitteilte. Zur Behebung der Schwierigkeiten mußte ein zusätzliches Schmiersystem mit Ölnebelschmierung für die Stützlager geschaffen werden. Die Temperaturmessung an den Lagern erfolgt durch Thermophil-Thermoelemente, die fest eingesteckt werden können und die die freie Drehung des Lagerträgers nicht behindern. Die Drehzahl wird über ein an der Kupplung eingebautes stroboskopisches Element mit elektrischer Anzeige gemessen. Das Reibungsmoment wird an einem der beiden seitlichen Ausleger des Lagerträgers mittels einer Correx-Federwaage abgelesen (Hebelarm 300 mm). Auf der Gegenseite ist eine Arretierung am freien Hebel geschaffen, welche erlaubt, die Drehbewegung des Lagerträgers abzufangen, wenn dies notwendig erscheint.

Als Prüflager wurden für die Grundsatzuntersuchungen Sinterbronzelager der Dichte $\gamma = 6{,}8$ g/cm³ in den Maßen 18/28 ⌀ × 18,9 mm verwendet*. Ihr Porenvolumen beträgt ca. 22 Vol.-%. Die Prüfwelle ist gehärtet und auf $R_t = 0{,}2$ μm, resp. $R_a = 0{,}030$ μm superfinisht. Eingepreßt werden die Prüflager mit den Toleranzen E7/r6 und F7/r6 in eine H7-Bohrung des Gehäuses mittels eines durchgehenden Preßdornes, der jeweils der erforderlichen Spielbemessung angepaßt ist. Die verwendeten Lagerspiele nach dem Einpressen lagen zwischen 40 und 70 μm, entsprechend den relativen Lagerspielen von $\psi = 2{,}2$ bis $3{,}9 \cdot 10^{-3}$. Sie mußten so hoch gewählt werden, um Blockierungen bei den starken Drehzahlsteigerungen durch Wärmestau zu vermeiden.

Die ersten grundlegenden Versuche dienten dem Nachweis, ob auf dem neuen Prüfstand die gleichen Belastungs-, Reibungs- und Temperaturwerte beobachtet werden, wie auf den üblichen bis zu einer Gleitgeschwindigkeitsgrenze von $v = 5$ m/s verwendeten Prüfständen, auf denen die Belastungsläufe der Abb. 8 gefahren wurden. Ein solcher Vergleich war notwendig, weil die Prüfergebnisse auch durch spezielle Prüfstandseigenarten (Wärmeableitung, Schwingungserscheinungen, Verformungen und dergleichen) gefälscht werden können. Bei der neuen Anlage war immerhin mit Verformungseinflüssen der Welle und mit Temperaturbeeinflussung aus den Stützlagerungen bei den hohen Drehzahlen zu rechnen. Erst nachdem diese Frage positiv geklärt war, wurden die speziellen Untersuchungen über die Gefügeeigenschaften, die geometrischen Einflüsse und über das rheologische Verhalten der Schmiermittel begonnen.

---

* Qualität MKZ der Ringsdorff-Werke GmbH.

1.4 Versuchsergebnisse

1.4.1 Orientierende Vergleichsläufe zur Bestimmung der erreichbaren Grenzgeschwindigkeiten mit Sinterlagern unterschiedlicher Bauform und mit unterschiedlichen Schmiermitteln

Nach anfänglichen Schwierigkeiten, die hauptsächlich durch die Stützlager verursacht waren, gelang es, im kontinuierlich gesteigerten Versuchslauf mit sieben Ölen unterschiedlicher Provenienz bei drei verschiedenen Lagerausführungen sehr hohe Drehzahlgrenzen zu erreichen. In drei Fällen lag die Drehzahlgrenze bei 25 000 U/min (bzw. 23,5 m/s Gleitgeschwindigkeit), in zwei weiteren wurden Maximaldrehzahlen von 30 000 U/min (bzw. 28,3 m/s Gleitgeschwindigkeit) und mit einem synthetischen Ätheröl sogar von etwas über 32 000 U/min (bzw. 30 m/s Gleitgeschwindigkeit) störungsfrei erreicht. Die spezifischen Belastungen betrugen 2 kp/cm² und entsprachen damit schon praktischen Beanspruchungsfällen für diese hohen Gleitgeschwindigkeiten.
Abb. 5 zeigt eine schematische Darstellung dieser Versuche. Sie ist in drei Gruppen nach Art der verwendeten Versuchslager eingeteilt. Lager mit bis in die Lauffläche reichender normaler Dichte (γ = 6,5 bis 6,8 g/cm³) zeigen im allgemeinen bessere Ergebnisse als die Speziallager mit hochverdichteter Lauffläche. Abgesehen von Unterschieden hinsichtlich der Laufruhe und der Geräuschbildung, die bei diesen Versuchen nicht kritisch beurteilt wurden, weisen die günstigen hierbei beobachteten Reibungszahlen der Normallager auf ein später beobachtetes Ergebnis hin, wonach bei hohen Drehzahlen neben der Ölzähigkeit die Ölfüllung des Lagers eine wichtige Rolle spielt. Dies zeigen auch die Läufe mit Lagern normaler Dichte, in die beim Einpressen vier schwache Öltaschen von 45° Winkelbreite und ca. 30 μm Tiefe in Umfangsrichtung einkalibriert waren (Abb. 6). Synthetische Öle liegen bei diesem Vergleich allgemein günstiger als Mineralöle, wie auch die Praxis bei geringeren Gleitgeschwindigkeiten beweist.

1.4.2 Das Einlaufverfahren

Jeder Versuchslauf wurde in der Weise gefahren, daß bis 10 000 U/min der Prüfstand sofort auf die entsprechende Drehzahl geschaltet wurde. Sollte eine höhere Drehzahl im Versuchsprogramm als Meßwert eingestellt werden, so erfolgte nach erster Einstellung auf 10 000 U/min jeweils eine Drehzahlsteigerung in Stufen von 2500 U/min, wonach die Drehzahl kurze Zeit (nicht über eine halbe Stunde) gehalten wurde, um das Wärmegleichgewicht zu kontrollieren. Nach Erreichen der gewünschten Höchstdrehzahl, wenn also ein gewisser Einlaufzustand der Lageroberfläche eingetreten war, konnten in Nachläufen auch die hohen Enddrehzahlen in unmittelbar steigender Hochregulierung direkt eingestellt werden. Ein Belastungslauf wurde als beendet angesehen, wenn die jeweilige Belastung bei der entsprechenden Drehzahl über 3 Stunden ohne Temperaturanstieg oder sonstige Störung gehalten werden konnte. Der Einlauf der Lager war bei Drehzahlen über 15 000 U/min auf jeden Fall notwendig, um Ausfälle durch Wärmestauungen auszuschalten. Diese Schwierigkeiten sind bei Hochgeschwindigkeits-Lagern zu beachten. Um nicht von vornherein Sonderbedingungen für Sintermetall-Lager zu schaffen, wurde nämlich keine zusätzliche Lagerkühlung eingeführt, sondern die normale Wärmeableitung erfolgte über das Gehäuse, wie es dem praktischen Einsatz entsprach. Im Rahmen späterer Untersuchungen wäre, wie die weiteren Ausführungen zeigen, auch die Wärmebilanz des Lageraufbaues aufzustellen.

1.4.3 Grenzbelastungskurve über der Gleitgeschwindigkeit bis zur Maximaldrehzahl von 30 000 U/min. Vergleich mit älteren Kurven bis 5 m/s Gleitgeschwindigkeit auf Falzprüfständen

In Abb. 7 ist der Verlauf der maximalen Belastungskurve eines Sinterbronze-Gleitlagers über der Drehzahl bzw. Gleitgeschwindigkeit dargestellt. Der Anschluß an das aus bekannten Prüfstandsuntersuchungen auf Falzlager-Prüfständen ermittelte Diagramm solcher Grenzlasten im Bereich bis zu 5000 U/min, entsprechend $\sim$ 5 m/s Gleitgeschwindigkeit, das in Abb. 8 gezeigt ist, war gegeben, da auch auf dem Schnellauf-Lagerprüfstand in diesem unteren Bereich die gleichen Belastungswerte ermittelt wurden. Eine Streuung ergibt sich naturgemäß durch Verwendung der unterschiedlichsten Ölqualitäten, wie sie beispielsweise an der Krümmung des absteigenden Astes der Kurve gezeigt ist. Die durchgezogene Linie entspricht den optimal erreichten Belastungen. Die bisher für Vergleichsuntersuchungen der Lagermetalle auf normalen Falzlagerprüfständen verwendete Standard-Ölqualität ist ein naphthenisches Öl der Viskosität $\eta = 4{,}2°E/50°C$, das auch im weiteren Verlauf der Untersuchung immer als Vergleichsöl herangezogen wird. Die steigende Tendenz der Lagertemperaturen mit wachsender Gleitgeschwindigkeit ist für drei charakteristische Öle, darunter das erwähnte Standardöl, ebenfalls in Abb. 7 festgehalten, wobei deutlich die stärkere Walkarbeit im flüssigen Fett hervortritt. Die geringste Abhängigkeit zeigt das paraffinische Öl von $1{,}8°E/50°C$, wie zu erwarten war (flache VT-Charakteristik).

1.4.4 Theoretische Überlegungen über die Reibungszahl als Kriterium für die Grenzlastkurve des Sintermetall-Lagers

Die für das Sintermetall-Lager so typische Form der Grenzlastkurve mit dem Optimum bei Gleitgeschwindigkeiten zwischen 0,5 und 1 m/s und dem starken Abfall bei steigender Gleitgeschwindigkeit zeigt, daß die schmiertechnischen Vorgänge im Ölfilm bei der Ölzufuhr über die Poren des Sinterwerkstoffes nicht nach den bekannten Gesetzen der hydrodynamischen Theorie für Massivlager erfolgen. Als Kriterium zur Beurteilung des Einflusses der wichtigsten Lagerkenngrößen, wie Ölzähigkeit, Belastung, Gleitgeschwindigkeit und Lagerspiel wurde daher die Reibungszahl betrachtet, aus deren Größe und funktioneller Abhängigkeit von der Gleitgeschwindigkeit Schlüsse gezogen werden können.

Die Überlegung geht davon aus, daß für ein hydrodynamisch geschmiertes Lager ein unmittelbarer Zusammenhang zwischen den Grenzlastwerten, bis zu denen ein Lager belastet werden darf, und den Umkehrpunkten der Stribeckschen Reibungskurven besteht (Abb. 9). Projiziert man die Umkehrpunkte der Stribeckschen Reibungskurven verschiedener Belastungen desselben Lagers auf die die Drehzahlen darstellende Abszissenachse, so findet man die den Reibungsminima jeweils zugeordneten Grenzlasten. Damit ergibt sich eine Grenzbelastungskurve mit über der zunehmenden Gleitgeschwindigkeit steigender Tendenz, wie sie auch in Abb. 8 für das Massivlager dargestellt ist.

Die völlig anders geartete Grenzlastkurve des Sintermetall-Lagers weist also darauf hin, daß Reibungskurven für Sinterlager, die den Stribeckschen Kurven entsprechen sollten, eine umgekehrte Tendenz zeigen müssen, nämlich eine Annäherung der Umkehrpunkte mit steigender Belastung in Richtung auf den Nullpunkt des Achsensystems. Der abfallende Ast der Grenzlastkurve zwischen Maximum und dem Nullpunkt des Achsensystems deutet dann allerdings wiederum eine neue Gesetzmäßigkeit an, die aber hier nicht zur Diskussion steht. Sie hängt mit der mangelnden Ölkeilbildung im Bereich der niedrigsten Gleitgeschwindigkeit zusammen.

Bei den nachfolgenden Versuchen wurden die Reibungszahlen auf dem Lagerprüfstand einmal unmittelbar aus den Hebelkräften P an der Reibungswaage ermittelt, die sich unter der magnetischen Zugkraft N am Hebelarm von 300 mm mit der Beziehung:

$$\text{Reibungszahl } f = 33,3 \cdot \frac{P}{N}$$

ergaben, zum anderen wurden sie aus der hydrodynamischen Theorie errechnet. Als Ansatz diente die Petroffsche Reibungsformel

$$f = k \cdot \frac{\eta \cdot \omega}{p \cdot \psi} \tag{1}$$

oder, mit Einführung der Sommerfeld-Zahl

$$f = \frac{k \cdot \psi}{So} \tag{2}$$

für Sommerfeld-Zahlen ≤ 1

(Symbole: vergleiche Verzeichnis der Formelzeichen)

Die charakteristische Sommerfeld-Zahl ist dimensioniert:

$$So = \frac{p \cdot \psi^2}{\eta \cdot \omega} \tag{3}$$

oder durch Umrechnung der Faktoren aus dem m-, kp- und s-System in technische Einheiten

$$p_{kp/m^2} = p_{kp/cm^2} \cdot 10^4$$

$$\eta_{kp\,s/m^2} = \eta_{cSt} \cdot 10^{-6} \cdot \gamma_{kp/dm^3} \cdot 10^2 = \eta_{cSt} \cdot \gamma_{kp/dm^3} \cdot 10^{-4}$$

$$\omega_{1/s} = n_{U/min} \cdot 10^{-1}$$

$$\psi = \frac{D - d}{D} = \frac{S}{D} \text{ dimensionslos}$$

$$So = \frac{p \cdot \psi^2}{\eta \cdot \gamma \cdot n} \cdot 10^9 \quad \left[\frac{kp \cdot m^2 \cdot s}{m^2 \cdot kp \cdot s}\right]$$

Auf die Annahme $So \leq 1$ wird später noch eingegangen, da die Nachrechnung bei hohen Belastungen auch Werte über 1 ergibt, so daß für die Berechnung von f an einzelnen Versuchspunkten die Gümbelsche Gleichung

$$f = \frac{k \cdot \psi}{\sqrt{So}}$$

herangezogen werden mußte.

1.4.5 Reibungsmessungen und Auswertung

Im Verlauf der folgenden Untersuchungen wurden zunächst zwei Öle von $\eta = 1,8$ und $4,2°E/50°C$, von denen das erstere überwiegend paraffinisch, das zweite naphthenisch ist, bei unterschiedlichen Belastungen bis zu 10 m/s Gleitgeschwindigkeit geprüft, um in dem steil abfallenden Grenzbelastungsbereich die Reibungszahlen zu ermitteln. In einer zweiten Versuchsreihe folgte dann unter der niedrigsten Belastung von $p = 1,8$ kp/cm² zwischen $v = 10$ und ca. 24 m/s Gleitgeschwindigkeit eine Paralleluntersuchung von vier Ölen, wobei zu den beiden ersteren noch ein synthetisches Öl von $\eta = 6°E/50°C$ (Ätheröl) und ein flüssiges Fett von $\eta = 15°E/50°C$ hinzugenommen wurden. Die VT-Charakteristiken sind in Abb. 10 gezeigt.

Abb. 11 und 12 zeigen unmittelbar gemessene Reibungszahlen der ersten Versuchsreihe als durchgezogene, kräftige Linien und die nach obigem Ansatz errechneten Werte als gestrichelte, schwächere Linien für Belastungen von 1,8 bis 40 kp/cm² (Öl von 1,8°E/50°C) resp. 1,8 bis 60 kp/cm² (Öl von 4,2°E/50°C) bei Gleitgeschwindigkeiten zwischen $v = 2,3$ und 9,5 m/s (2500 und 10000 U/min). Dies Ergebnis soll als erstes diskutiert werden.

Die unwahrscheinlich hohen Reibungsmeßwerte ließen Zweifel an den Meßverfahren aufkommen. In wiederholten Versuchen wurden sie jedoch immer wieder bestätigt. Außerdem liegen Vergleichswerte aus anderen Forschungsarbeiten und aus der Praxis vor, die sich besonders bei niedrigen Belastungen damit decken. Erst bei sehr hohen Lasten von über 40 kp/cm², bei denen der Reibungskoeffizient auch hier schon unter 0,01 gesunken ist, nähert man sich den theoretisch errechenbaren Werten, also dem hydrodynamischen Zustand mit seinen Gesetzmäßigkeiten, die für geschmierte Massivlager Gültigkeit haben (vgl. die Ausführungen unter 1.4.8).

Der Unterschied zwischen den gemessenen und nach PETROFF errechneten Werten bei niedrigen und mittleren Belastungen könnte, wie von Massivlageruntersuchungen bekannt ist, durch ungünstige Schmiermittelzufuhr oder Störungen in den Lagerlaufflächen (Nuten etc.) erklärbar sein, denn die Petroffsche Formel setzt bei Massivlagern folgende Bedingungen voraus.

1. einen völlig geschlossenen, ganz gefüllten und gleich weiten Ringraum des Lagerspaltes,
2. die Konstanz des Schmiermittels und
3. keine oder eine sehr geringe Belastung.

Schon bei der Berechnung der Reibungszahl von Massivlagern ergeben sich hierdurch so starke Abweichungen von wiederholt aufgenommenen Meßwerten, daß die Faktoren k und So Korrekturen unterworfen werden müssen.

1.4.6 Der Koeffizient k der Petroffschen Formel

Die Differenz zwischen gemessenen und errechneten Werten ist bei niedrigen Belastungen stärker als bei hohen. Da p, η (aus t und γ errechnet), ω und ψ genau bestimmbare, feste Werte sein sollten, wurde die Reibungsvorzahl k aus (1) und (2) überprüft. Nach Vergleichen aus der Praxis mit Massivlagern gilt mit größter Annäherung für ganz umschließende Lager der Wert $k = 3$, wie er auch für die errechneten Reibungskurven der Abb. 11 und 12 eingesetzt wurde. Nach Untersuchungen, die VOGELPOHL [9] zusammenstellte, hängt der Wert k von der relativen Exzentrizität χ ab. Je kleiner χ ($< 0,5$) ist, desto stärker steigt k bis zu Werten von über 5 bei endlichen Lagerverhältnissen $B/D \leqq 1$ (im vorliegenden Fall ist das Verhältnis $B/D = \dfrac{18}{18,1}$ also etwas geringer als 1).

Eine Berechnung von k aus den Meßwerten für die beiden Diagramme ergab aber für das Öl von $\eta = 4,2°E/50°C$ Werte zwischen 5 und 15 bei Belastungen von 1,8 bis 40 kp/cm² und zwischen 9 und 20 über den ganzen Belastungsbereich des dünnviskosen Öles von $\eta = 1,8°\text{E}/50°\text{C}$. Diese Unterschiede sind so stark, daß man sie für eine Angleichung der errechneten an die gemessenen Werte nicht verwenden kann.

1.4.7 Die Sommerfeld-Zahl

Daher wurde ein zweiter Weg beschritten. Es lag nahe, festzustellen, ob die Sommerfeld-Zahl, die sich aus den Versuchsergebnissen über die Reibungszahl f, bzw. über die Reibungskennzahl $\frac{f}{\psi}$ errechnen läßt, im Verhältnis zu den bei Massivlagern ermittelten Werten aus der üblichen Streifenbreite für k-Werte von 3 bis 4 herausfällt. Dies war aber nicht der Fall, wie aus dem Diagrammstreifen des Kurvenblattes der Abb. 13 $\left(\frac{f}{\psi}\right.$ als Funktion von So$\left.\right)$ ersichtlich ist. Die daraus abgeleiteten Werte für die relative Exzentrizität

$$\chi = \frac{e}{S/2}$$

$e =$ wirkliche Exzentrizität der Wellenmitte
$S =$ Lagerspiel in mm

zeigen bei den hohen gemessenen Reibungszahlen Werte bis zu ca. 0,05 herab (kleinste Belastung $p = 1,8$ kp/cm²) und steigen bei niedrigen Reibungszahlen (Belastungen bis 40 kp/cm²) bis ca. 0,7. Damit liegen die kleinsten Lagerspalte $h_0 = S/2 - e = (1 - \chi) \cdot S/2$ bis zu 40 kp/cm² Belastung für die benutzten Lagerspiele $S = 0,040$ mm noch über 0,006 mm. Eine Wellenberührung bei statischen Lasten dieser Größe kann nicht stattfinden, wenn man nach den Oberflächenrauhtiefen von Welle und Lager einen Sicherheitsabstand von 0,004 mm vorschreibt. Die einzelnen Werte dieser Nachrechnung sind in Zahlentafel 1 zusammengefaßt.

Es sei darauf hingewiesen, daß in der Zusammenstellung aus Meßwerten nur Sommerfeld-Zahlen bei den höchsten Belastungen von ca. 40 kp/cm² von wenig über 1 bestimmt wurden, während die errechneten So-Werte schon bei Belastungen über 10 und 20 kp/cm² wesentlich höher streuen. Diese extremen Sommerfeld-Zahlen erscheinen daher zweifelhaft, so daß nur die aus den gemessenen Reibungszahlen ermittelten Werte zugrunde gelegt wurden. Die zu den gemessenen Reibungszahlen gehörenden χ-Werte liegen demgemäß auch günstiger als die errechneten Koeffizienten χ'.

1.4.8 Die Zähigkeitskorrektur des Schmiermittels

Den hohen Reibungszahlen sind, wenn man k unverändert läßt, also andere Sommerfeld-Zahlen zuzuordnen, oder es müßte für Sinterlager mit einem Beiwert zu So gerechnet werden. Im Abschnitt 1.4.6 wurde noch angenommen, daß unter den Faktoren der Sommerfeld-Zahl p, ω, ψ und η die Zähigkeit η ein genau bestimmbarer, fester Wert sein könnte. Die letzteren Betrachtungen lassen aber Zweifel daran aufkommen. Der Wert muß also als unsichere Konstante betrachtet und daher korrigiert werden. Dies bedeutet, daß die aus den Temperaturmessungen erhaltenen η-Werte der VT-Charakteristik Scheinwerte darstellen. Unter Zugrundelegung der höheren Reibwerte lassen sich aus So η-Werte bestimmen, die über den entsprechenden VT-Charakteristiken der Öle liegen, wie Abb. 14 zeigt. Es ergeben sich, nach Belastungsgruppen zusammengefaßt, übereinanderliegende leicht gekrümmte Parallelen mit etwas größerer Steigung als die

Tab. 1 *Bestimmung der χ-Werte für Sinterbronzelager aus Messungen und Berechungen bei Gleitgeschwindigkeiten von v = 2,3 bis 9,4 m/s und Belastungen von p = 1,8 bis 40 kp/cm²* Vergleiche Abb. 11 bis 14

Ölart und Viskosität	n U/min	$\psi \cdot 10^3$	p kp/cm²	f gemessen	f' gerechnet	f/ψ aus Meßwert	f'/ψ aus Rechnungswert	So aus Meßwert	χ aus So Meßwert	So' aus Rechnungswert	χ' aus So' Rechnungswert
Paraffinisches Öl von 1,8°E/50°C	2 500 5 000 10 000	2,30 2,25 2,39	1,8	0,0965 0,091 0,0875	0,019 0,025 0,029	41,96 40,4 36,4	8,27 11,1 12,1	0,0716 0,0745 0,0826	0,073 0,075 0,078	0,363 0,270 0,248	0,286 0,234 0,214
	2 500 5 000	2,30 2,25	5	0,0480 0,0476	0,007 0,0105	20,9 21,15	3,04 4,67	0,1440 0,1420	0,135 0,130	0,986 0,643	0,545 0,440
	2 500 5 000	2,30 2,25	10	0,0225 0,0235	0,0035 0,005	9,8 10,4	1,52 2,22	0,306 0,289	0,239 0,226	3,90 1,86	0,815 0,685
	2 500 5 000	2,30 2,25	20	0,009 0,0115	0,0025 0,003	3,91 5,11	1,09 1,33	0,768 0,586	0,480 0,392	7,60 5,10	0,900 0,855
	2 500 5 000	2,30 2,25	40	0,005 0,006	0,0019 0,0021	2,17 2,66	0,83 0,935	1,91 1,27	0,700 0,632	13,03 10,3	0,94 0,92
Naphthenisches Öl von 4,2°E/50°C	2 500 5 000 10 000	2,30 2,30 2,30	1,8	0,120 0,114 0,108	0,060 0,0665 0,0682	52,1 49,5 46,9	26,1 28,9 29,7	0,0575 0,0607 0,0640	0,0645 0,0665 0,0679	0,115 0,104 0,101	0,104 0,090 0,084
	2 500 5 000 10 000	2,30 2,30 2,30	5	0,065 0,048 0,067	0,015 0,0195 0,022	28,2 20,8 29,2	6,52 8,48 9,56	0,1063 0,144 0,1028	0,0958 0,137 0,0911	0,460 0,354 0,314	0,345 0,282 0,248
	2 500 5 000 10 000	2,30 2,30 2,30	10	0,037 0,023 0,035	0,007 0,010 0,0125	16,1 10,0 15,2	3,04 4,35 5,43	0,186 0,300 0,197	0,165 0,2363 0,170	0,987 0,690 0,552	0,545 0,449 0,395
	2 500 5 000 10 000	2,30 2,30 2,30	20	0,014 0,012 0,023	0,004 0,006 0,0075	6,08 5,2 10,0	1,75 2,61 3,26	0,495 0,577 0,300	0,358 0,403 0,236	2,98 1,32 0,920	0,770 0,620 0,530
	2 500 5 000 10 000	2,30 2,30 2,30	40	0,0075 0,006 0,015	0,0025 0,0032 0,006	3,26 2,61 6,52	1,078 1,399 2,610	0,920 1,320 0,460	0,530 0,620 0,345	7,75 4,60 1,33	0,908 0,845 0,621

VT-Charakteristik. Die Entwicklung einer Umrechnungsformel für η wäre Aufgabe einer speziellen Untersuchung.

Zunächst können hier nur Hinweise gegeben werden, worauf die Notwendigkeit solcher η-Korrekturen zurückzuführen wäre. Zwei Gründe können hierfür angeführt werden:

1. Die Temperaturmessung der Lager kann falsch sein. VOGELPOHL [9] zeigt dies an dem Beispiel eines Massivlagers mit hoher Gleitgeschwindigkeit nach Versuchen von BUSKE, bei denen durch Bestimmung von η nach dem Mittelwert der Temperatur zu niedrige Viskositäten angenommen wurden. Hier war allerdings die Temperaturverteilung am Lagerumfang sehr unterschiedlich. Es wurde erkannt, daß der Mittelwert der Temperatur nicht aus der Temperaturverteilung über das ganze Lager gebildet und der dazugehörige Viskositätswert aus der VT-Kurve genommen werden durfte, sondern aus dem Temperaturverteilungsdiagramm mußte zunächst die Viskositätsverteilung abgeleitet und aus dieser dann der Mittelwert gebildet werden. Bei diesen Versuchen wurden z. B. Viskositäten errechnet, die dreimal so hoch lagen, als die aus einer richtigen Mittelwertbildung bestimmten.

Bei den in unserem Falle untersuchten Sinterbronze-Lagern lag zumindest die Temperaturmeßstelle am äußeren Lagerumfang nahe dem Durchmesser, in dem sich der engste Schmierspalt einstellt, also an einer Stelle, die heißer als die anderen Zonen des Umfanges gewesen sein muß. Damit wäre schon eine falsche Mittelwertmessung möglich, abgesehen von der Unkenntnis der Temperaturverteilung überhaupt, die bei dem kleinen Lager sehr schwierig ist.

2. Beim Massivlager mit konstanter Ölzufuhr ist die Strömung laminar, wenn die Ölzuführung an der richtigen Stelle erfolgt. Beim Sinterlager, das aus vielen Poren gespeist wird, und bei dem das Öl abweichend von der Strömungsrichtung zum engsten Spalt durch seitlichen Zufluß unter Druck und außerdem durch Rückströmung in gewisse Zonen des Kapillargefüges hinein auch Querströmungen aufweisen kann, ist offenbar, besonders bei niedrigen Belastungen, Turbulenz zu erwarten. Damit kann der Reibungswiderstand ansteigen, so daß der Newtonsche Ansatz mit linearem Anstieg der Schubspannung über dem Geschwindigkeitsgefälle hier nicht gültig ist. Wie sich die Schubspannung bzw. η mit dem Geschwindigkeitsgefälle ändert, ist bisher nicht untersucht worden. Man kann nur annehmen, daß das Öl sich wie eine Nicht-Newtonsche Flüssigkeit verhält.

Bei niedrigen Belastungen ist Turbulenz von einer bestimmten Gleitgeschwindigkeit an besonders leicht möglich, weil schon beim normalen Massivlager mit konstanter Ölzufuhr bei engen bis mittleren Lagerspielen und gering-viskosen Ölen die Wellenmitte bei geringster Unwucht eine instabile Lage in der Nähe des Lagermittelpunkts einnimmt. Man spricht hier erfahrungsgemäß von einem Ölwirbel [7, 11, 12, 13]. Diese letztere Vermutung hat die größte Wahrscheinlichkeit und wird noch größeren Einfluß auf die Scheinviskosität haben, als der erstgenannte Temperatureinfluß. Daß bei den Versuchen sich Schwingungserscheinungen bemerkbar machten, war deutlich nachweisbar. Unter diesem Gesichtspunkt müssen auch die im nächsten Abschnitt beschriebenen Einflüsse des Schmiermittels betrachtet werden, die ganz neue Gesichtspunkte bei der Auswahl der Öle für schnellaufende Sintermetall-Lager ergaben. Vor dieser Betrachtung soll aber noch einmal im Zusammenhang mit der hydrodynamischen Theorie auf die Form der Reibungskurven eingegangen werden.

Reibungszahlen von Sinterlagern für hohe Gleitgeschwindigkeiten sind nicht bekannt. Es lassen sich aber bis zur Gleitgeschwindigkeit von $v = \sim 2{,}5$ m/s aus der Literatur (FALZ [14]) und aus unveröffentlichten Berichten der Industrie Zahlenangaben zusammenstellen, welche beweisen, daß auch die in den Diagrammen Abb. 11 und 12 angeführten Reibungszahlen trotz ihrer Höhe den praktischen Erfahrungen entsprechen. Tab. 2 zeigt einige solcher Vergleichswerte.

Tab. 2 Vergleich der Reibungszahlen von Sinterlagern aus Prüffeld- und Praxisversuchen

a) nach Falz-Prüfstandversuchen (Öl von 5°E/50°C, $v = 2,4$ m/s		Werte aus Abb. 12 (Öl von 4,2°E/50°C, $v = 2,4$ m/s, $t = +55$ bis $+70°$C)	
p (kp/cm²)	f	p (kp/cm²)	f
10	0,0175	10	0,0360
20	0,0113	20	0,0140
40	0,0073	40	0,0075
60	0,0055	60	0,0033
b) nach unveröffentl. Industrieversuchen (flüss. Fett von 6,5°E/50°C, $v = 1,26$ m/s, $t = +60°$C)		Werte aus Abb. 12 (Öl von 4,2°E/50°C, $v = 1,25$ m/s, $t = +60$ bis $+70°$C)	
p (kp/cm²)	f	p (kp/cm²)	f
12	0,054	12	0,041
10	0,068	10	0,058
6	0,094	6	0,082
3	0,134	3	0,120
c) nach unveröffentl. Industrieversuchen ($p = 2$ kp/cm², $v = 1$ m/s, $t = +60$ bis $+70°$C)		Werte aus Abb. 11 und 12 ($p = 1,8$ kp/cm², $v = 1$ m/s)	
Ölart	f	Ölart	f
naphth. Öl von 2,3°E/50°C	0,130	paraff. Öl von 1,8°E/50°C $t = +50°$C	0,103
Diesteröl von 3,2°E/50°C	0,110	paraff. Öl von 4,2°E/50°C $t = +55°$C	0,120
Diesteröl von 5,9°E/50°C	0,125	–	–
flüss. Fett von 6,5°E/50°C	0,110	–	–

An der Form der bei den Sinterlagern gemessenen Reibungskurven zwischen $v = $ ca. 2 und 10 m/s fällt, wie schon in Abschnitt 1.4.4 erwähnt, die schwache Ausbildung der Reibungsminima, vor allem aber ihre Tendenz auf, von niedrigen auf hohe Belastungswerte in Richtung auf den Nullpunkt des Achsensystems rückläufig zu sein.
Trägt man vergleichsweise bei Massivlagern die Reibungszahlen nicht über der Gleitgeschwindigkeit allein, sondern über der Gümbelschen Zahl $\frac{\eta \cdot \omega}{p}$ als Abszisse auf, so fallen alle Reibungskurven, die für die einzelnen Belastungen einzeln dargestellt werden können, in nur eine Reibungskurve mit einem Reibungsminimum zusammen (vgl. unteres Bild der Abb. 9). Links vom Reibungsminimum liegt ein Mischreibungsgebiet, das eine gewisse Streuung zuläßt. Rechts davon folgt in Richtung steigender Gleit-

geschwindigkeit ein stabiles Gebiet reiner Flüssigkeitsreibung. Der Reibungsanstieg bei wachsender Drehzahl erklärt sich aus der erhöhten Strömungsleistung. Für ein bestimmtes Lager und ein Öl ergibt sich ein fester Wert des Quotienten $\frac{\eta \cdot \omega}{p}$ für das Reibungsminimum. Bereits aus den Stribeckschen Reibungskurven des oberen Bildes der Abb. 9 lassen sich fast konstante Quotienten $\frac{\omega}{p}$ errechnen, wenn man die Projektionen der einzelnen Reibungsminima auf die Abszisse der Gleitgeschwindigkeit (resp. Drehzahl) dazu benutzt.

Beim Sinterlager ergibt sich kein solches eindeutiges Reibungsminimum für alle Belastungskurven innerhalb des vom Grenzlastmaximum bei ca. 0,7 m/s nach rechts bis nahezu 10 m/s Gleitgeschwindigkeit abfallenden Grenzlastgebietes. Die Reibungsminima zeigen auch in der Darstellung über der Gümbelschen Zahl $\frac{\eta \cdot \omega}{p}$ als Abszisse einen Anstieg von Bruchwerten bis zu hohen ganzen Zahlen. Ein geringer Ausgleich der steigenden $\frac{\omega}{p}$-Werte durch Abnahme der Zähigkeitswerte mit steigender Temperatur ist fast vernachlässigbar.

Die Tatsache, daß das Belastungsmaximum der Grenzlastkurve bei niedrigerer Gleitgeschwindigkeit liegt als die Minima der Reibungskurven, bedeutet, daß beim Sinterlager links von den Reibungsminima in der Darstellung über der Gleitgeschwindigkeit als Abszissenachse noch keine Mischreibung zu beginnen braucht. Man kann ebenso hohe Belastungswerte auch ohne die Reibungsleistung erreichen, wenn der Strömungsüberschuß mit starkem seitlichem Abfluß des Öles bei relativ niedrigen Gleitgeschwindigkeiten eingeschränkt würde. Dies beweisen auch Versuche an Sinterlagern, welche im Abschnitt 2 dieser Untersuchung beschrieben werden. Beim Start aus tiefen Temperaturen verflüssigt sich das durch Kälte in den Kapillaren gestockte Öl und schießt dann ziemlich plötzlich in den Lagerspalt ein. Dabei steigt die Reibung außerordentlich stark. Durch sofortigen Entzug eines Teiles des Öles senkt man die Reibung über die Hälfte. Außerdem ist bekannt, daß bei Anwendung zusätzlicher Druckschmierung von außen in den Kapillarraum eine solche Bremswirkung im Lagerspalt entstehen kann, daß man eine leerlaufende Welle im Sinterlager fast auf Null abbremst. Die Lagerfüllung mit Öl bei niedriger Gleitgeschwindigkeit reicht auch bei Drosselung der Ölabgabe aus den Kapillaren noch aus, um hohe Lasten zu tragen, während sich im Hochgeschwindigkeitsbereich eine Drosselung schon gefährlich auswirken könnte. Hier liegt eines der Probleme bei der Verwendung von Sinterlagern, das Kapillargefüge und das Öl so auszuwählen, daß die Forderungen des niedrigen und mittleren Gleitgeschwindigkeitsbereichs auch bis in den Hochgeschwindigkeitsbereich hinein erfüllt werden können.

1.4.9 Spezielle Untersuchungen des Hochgeschwindigkeitsbereiches zwischen 10000 *und* 25000 U/min *des Lagerprüfstandes*

In anschließenden Versuchsreihen wurden die Reibungskurven von Sintermetall-Lagern zwischen $n = 10000$ und 25000 U/min (ca. 9,5 und 23,5 m/s Gleitgeschwindigkeit) bei vier verschiedenen Ölqualitäten aufgenommen. Zu den oben genannten paraffinischen und naphthenischen Ölqualitäten von $\eta = 1,8$ und $\eta = 4,2°E/50°C$ kamen noch ein synthetisches Öl von $\eta = 6°E/50°C$ und ein flüssiges Fett von $\eta = 15°E/50°C$ hinzu. Das synthetische Öl ist ein Polyätheröl. Das flüssige Fett besteht aus einem naphthenischen Grundöl von $\eta = 6,5°E/50°C$ mit ca. 1% Alu-Seifenzusatz. Es ist ausgesprochen strukturviskos, so daß die in Abb. 10 dargestellte VT-Charakteristik, die wegen des Vergleiches mit anderen Ölen mit dem Höppler-Viskosimeter aufgenommen werden mußte, nicht genau stimmt. Genaue cP-Werte sind nur mit einem Rotationsviskosimeter (Couette- oder Kegel/Platte-Viskosimeter) zu messen, da die Viskosität dieses Schmiermittels auch vom Geschwindigkeitsgefälle abhängt. Leider sind Viskositätswerte des Rotations-Viskosimeters nicht mit den Höpplerschen Werten zu vergleichen, wodurch sich auch die leichte Krümmung der VT-Kurve im logarithmischen System erklärt.

Zur Kennzeichnung des Reibungszustandes, der in Abb. 15 wiedergegeben ist, sind gleichzeitig die Temperaturkurven der Belastungsläufe aufgetragen. Auch hier wurden wieder aus den Meßwerten η, ψ, p und ω die So-Werte und daraus mit dem Faktor $k = 3$ die theoretischen Reibungswerte f vergleichsweise errechnet.

Mit Steigerung der Gleitgeschwindigkeit erfolgt ein Abfall des gemessenen Reibungskoeffizienten. Bei den beiden Mineralölen, die genau wie im Bereich bis $v = 10$ m/s einen durch ihre Viskosität bestimmten Abstand zeigten, verläuft auch der Reibungsabfall im erweiterten Diagramm stetig und parallel.

Die beiden anderen Öle, die von vornherein schon trotz ihrer höheren Viskosität eine etwas geringere Reibung als die Mineralöle zeigen, ergeben eine wesentlich schwächere Abhängigkeit von der Gleitgeschwindigkeit. Besonders das flüssige Fett zeigt über den gesamten Geschwindigkeitsbereich nur einen Reibungsabfall von $f = 0,065$ bis $0,054$.

Vergleicht man hierzu die schwach eingezeichneten theoretisch errechneten Reibungszahlen, so ergibt sich ein interessantes Bild, das schon in der Praxis seine Bestätigung fand. Das dünnviskose Mineralöl von $\eta = 1,8°E/50°C$ zeigt einen Verlauf, wie er den üblichen Reibungszahldarstellungen mit langsamer Steigung bei wachsender Gleitgeschwindigkeit entspricht. Schon das etwas zähere Mineralöl von $\eta = 4,2°E/50°C$ nähert sich im Charakter den gemessenen Reibungswerten, wenn auch in beiden Fällen der Abstand zwischen gemessenen und errechneten Werten erheblich ist. Erst bei dem synthetischen Öl von $\eta = 6°E/50°C$ dreht sich das Verhältnis völlig um. Hier ergeben sich theoretische Werte, die weit über den praktisch gemessenen liegen und ansteigen. Noch stärker tritt dies beim flüssigen Fett von $\eta = 15°E/50°C$ in Erscheinung, bei dem Werte errechnet werden, die in keinem Verhältnis mehr zu der wirklichen Reibungszahl stehen (Unechtheit der VT-Charakteristik).

Zwei Erkenntnisse lassen sich hieraus folgern.

a) Wir haben es bei dünnen Mineralölen offenbar schon mit einer gewissen Mangelschmierung zu tun, wodurch mit steigender Temperatur die Reibung mit wachsender Gleitgeschwindigkeit verringert wird. Da die seitlichen Filze das Abströmen in axialer Richtung nicht sonderlich hindern und jedenfalls den gesamten Druck im Lager nicht ändern, könnte sich der Mangelzustand so weit verstärken, daß akute Freßgefahr besteht. Bei zäheren Ölen, insbesondere bei dem flüssigen Fett, verringert sich die Neigung des seitlichen Abfließens, wodurch sich ein besserer Druckaufbau und eine bessere Füllung des Lagerspaltes ergibt.

b) Die Verflachung des Reibungsabfalles bei den beiden zäheren Ölen, die also schon andeutet, daß man sich dem theoretisch idealen Schmierungszustand nähert, bei dem das Produkt aus $\eta \cdot \omega$ über der Gleitgeschwindigkeit konstant bleibt [12], beweist, daß die Strömung wenig durch Turbulenz oder andere Unregelmäßigkeiten gestört wird. Die beiden übertriebenen Anstiege der theoretisch errechenbaren Reibungszahlen der zäheren Öle dürfen nicht täuschen, weil hier strukturviskose Anteile vorhanden sind, die die Berechnung der Zähigkeit aus den aufgenommenen VT-Charakteristiken fälschen.

Während man bei kontinuierlich geschmierten Massivlagern für hohe Gleitgeschwindigkeiten Öle mit geringer Viskosität einsetzt, um keine zu starke Reibungssteigerung mit der Geschwindigkeit zu erhalten, dürfte man als Folgerung aus den gemessenen Reibungskurven für Sintermetalle mittlerer Porengröße bei Gleitgeschwindigkeiten über 10 m/s schon nicht zu dünnflüssige Öle, sondern eher solche über $\eta = 6°E/50°C$ verwenden. Synthetische Öle mit guter Grenzschichthaftung und strukturviskose Öle bestimmter Auswahl, zu denen alle mit hochpolymeren Zusätzen gehören können, hätten den Vorzug. Es ist nur zu prüfen, ob die chemische Natur solcher Zusätze nicht Reaktionen mit dem Lagerwerkstoff hervorruft. Je mehr man sich dem Zustand des gefüllten Lagers mit Laminarströmung nähert, um so mehr sind auch die Lager bei hoher Gleitgeschwindigkeit zu belasten.

1.4.10 Einflüsse von Dichte, Kornstruktur und Oberflächenverdichtung des Werkstoffes und der Axialabdichtung des Lagerspaltes

Im weiteren Verlauf der Untersuchung wurden experimentell die Einflüsse der physikalisch-technischen Eigenschaften des Lagerwerkstoffes und seiner Herstellung, sowie die Frage der axialen Abdichtung gegen Ölverluste bzw. ihr Einfluß auf die Strömungsausbildung im Lagerspalt geprüft. Zu den physikalisch-technischen Eigenschaften gehören die Gesamtdichte des Lagerkörpers, seine Kornstruktur und eine eventuelle Oberflächenverdichtung der Lauffläche, die durch die Zahl und Größe der offenen Poren an der Lauffläche gekennzeichnet ist. Die axiale Stauwirkung gegen den Ölabfluß, der durch normale Filzringe nicht genügend gehemmt wird, wurde durch Einführung von Fliehkraftlippendichtungen, die also keine zusätzliche Reibung auf den Lagerträger ausübten, verbessert.

Bei dieser Versuchsreihe wurde das dünnste, also ungünstigste, Mineralöl zum Vergleich gewählt, damit die Wirkungen der einzelnen Maßnahmen möglichst kraß in Erscheinung treten können und nicht von den reibungsverbessernden Öleigenschaften überdeckt werden. In Abb. 16 ist zunächst mit der normalen Sinterbronze der üblichen Dichte von 6,8 g/cm³ und einfacher Filzabdichtung [Kurve (2) aus Abb. 15] eine Spezialsinterbronze* feinerer Körnung mit unterschiedlichen Dichten und einfacher Filzabdichtung (2) und (3) verglichen worden. Der Dichteunterschied macht sich bei der Spezialbronze nicht bemerkbar. Insgesamt verläuft aber die Reibungskurve für die Spezialbronze etwas flacher als die der Normalbronze.

In Versuch (4) wurden an Normalsinterbronze-Lagern der Einfluß hoher Oberflächenverdichtung der Laufzone und der Einfluß des Spiels untersucht. Die Lagerbohrungen wurden durch Glattwalzen mittels Rollen in einer Spezialvorrichtung (nicht durch das heute oft angewandte Nachdornen mittels rotierender hin- und herbewegter Dorne) unter hohem Druck verdichtet und verfestigt, so daß mehr als 50% Poren zugedrückt waren und die Oberflächenglätte erhöht wurde. Der Versuch (4a) wäre also mit (1) zu vergleichen. Die erhöhte Glätte und die Drosselung des Ölstromes durch engere Kapillaren, die den Luftdurchsatz des Öles verkleinern soll, brachte im Mittel keine Reibungsminderung, sondern erst unterhalb 14 m/s eine geringe Abnahme, aber eine gewisse Konstanz über den gesamten Drehzahlbereich.

Stärker war dagegen der Einfluß des Lagerspiels. Theoretisch ist die Reibungszahl umgekehrt proportional dem relativen Lagerspiel.

Der Einfluß ist bei den Kurven (4a und b) sogar noch etwas stärker, denn bei der Lagerbohrung 18 ⌀ bedeutet schon eine Vergrößerung des Lagerspiels von 47 auf 52 μm,

---

* Ringsdorff-Qualität MKZ 32. Feinstruktur durch feinere Kornfraktion und Mischungsvorbehandlung bei gleicher chem.-technol. Zusammensetzung.

also um ca. 10%, eine Senkung der Reibung von ca. 12% über den ganzen Drehzahlbereich (Parallelen). Man kann leider diesen Vorteil des vergrößerten Lagerspiels nicht in größerem Umfange ausnutzen, weil damit der Lauf der Welle bei niedrigen Lasten wesentlich unruhiger wird und sich das Laufgeräusch verstärkt, was heute von den meisten Verbrauchern abgelehnt wird.

Die drei nächsten Versuche zeigen den Einfluß der besseren Axialabdichtung. Hier deutet sich eine starke Reibungsverminderung im Kurvenverlauf an. Wenn auch normale Sinterbronze und Spezialsinterbronze hoher Dichte praktisch die gleiche Reibungskurve ergeben (5) und (6), so liegt diese doch erheblich niedriger. Der Abfall beträgt zwischen 10 und 21 m/s Gleitgeschwindigkeit bereits 30 bis 10%. Der Einfluß wird nach der Seite niedrigerer Gleitgeschwindigkeit immer größer, so daß sich zu bestätigen scheint, daß durch Drucksteigerung bei Axialabdichtung auch die Strömung verbessert wird, wobei man sich mehr und mehr dem theoretischen Verlauf bei geschmierten Massivlagern nähert. Gleichzeitig ist zu beachten, daß mit steigender Gleitgeschwindigkeit die Kurve des Reibungskoeffizienten flacher wird, was ebenfalls auf die Annäherung an den Idealzustand hindeutet.

Nach einer ersten Vermutung schien der axiale Ölaustritt an den nach außen weisenden Stirnflächen der beiden nebeneinanderliegenden Lager durch inneren Überdruck der Luft im Lagerzwischenraum gefördert worden zu sein. Hierfür wurde ein weiterer Versuch (7) angesetzt, um festzustellen, ob durch axiale Nuten am Außenumfang der Lager eine Druckentspannung auftritt. Die Reibungszahl wird nur nach dem Bereich der niedrigen Gleitgeschwindigkeit hin geringer.

Eine Besserung gegenüber dem Reibungsverlauf der Kurve (1) zeigt aber der wesentlich flachere Abfall der Reibungszahl über den ganzen Geschwindigkeitsbereich und die Senkung der Temperatur. Wenn also im praktischen Einsatz zwei zylindrische Lager eng hintereinander in einem rohrförmigen Gehäuse angeordnet sind, kann einmal durch solche Entlastungsnuten am Außenumfang, zum anderen durch eine gute Axialabdichtung nach außen bei beiden Lagern eine bessere Strömung erzeugt werden, die auch eine Belastungssteigerung zuließe.

In einem zusätzlichen Versuch wurde noch ein Sintereisen-Lager mit feinstporiger Laufschicht aus einer Blei/Nickel-Legierung gefahren, die dem Zustand des Massivlagers am nächsten kommen sollte. Es handelt sich hier allerdings darum, solche fast dichten Oberflächen überhaupt metallurgisch zu erzeugen. Die beiden eingezeichneten Versuchspunkte T_N und f_N lagen aber so ungünstig, daß weitere Versuche in dieser Richtung nicht durchgeführt wurden. Aus der Praxis sind bisher auch keine namhaften Erfolge mit Lagern dieser Herstellungsart bekannt.

1.5 Zusammenfassung

Zur Untersuchung des Gleitverhaltens von Sintermetall-Lagern bei hohen Gleitgeschwindigkeiten wurde ein Prüfstand für Drehzahlen bis $n = 30000$ U/min entwickelt, der kontinuierlich regelbar ist und durch einen Elektromagneten belastet wird.

Mit sieben Ölen wurden zunächst Vergleichsversuche bis zu den erreichbaren Maximaldrehzahlen gefahren, wobei sich Einflüsse der Oberflächendichte an der Lauffläche und der Formgebung zeigten. Synthetische Öle brachten im allgemeinen eine wesentliche Steigerung der Geschwindigkeitsgrenze unter gleichen mechanisch-technologischen Bedingungen gegenüber der Mehrzahl der Mineralöle. Es folgten mit drei Mineralölen Grenzbelastungsuntersuchungen mit steigender Gleitgeschwindigkeit, die das bekannte

Grenzbelastungsdiagramm, das bis zu ca. 5 m/s Gleitgeschwindigkeit reicht, bis zu 30 m/s ergänzten.

Die mit steigender Gleitgeschwindigkeit fallende Tendenz der Grenzbelastungskurve bei Sinterlagern steht im Gegensatz zu der theoretisch und experimentell erwiesenen steigenden Tendenz bei geschmierten Massivlagern. Die Kapillartheorie nach Cameron/Morgan gibt hierfür in großer Annäherung eine auswertbare Erklärung, nicht aber für das anomale Reibungsverhalten im Sinterlager. Reibungsmessungen mit zwei Mineralölen unterschiedlicher Viskositäten im unteren bis mittleren Gleitgeschwindigkeitsbereich bis zu ca. 8 m/s Gleitgeschwindigkeit brachten über einen weiten Belastungsbereich so unterschiedliche Reibungsergebnisse, daß die nach PETROFF und GÜMBEL eingeführte Sommerfeld-Zahl als Berechnungsunterlage durch einen Korrekturfaktor verändert werden müßte. Die nach Temperatur- und VT-Charakteristik bestimmte Viskosität des Schmiermittels bedarf einer Korrektur, die zur Annahme einer Scheinviskosität führt. Ursache dürfte zum Teil die fehlerhafte Bestimmung der mittleren Temperatur, im wesentlichen aber das Strömungsverhalten im Sinterlager sein, das durch Störungen, z. B. eventuelle Turbulenzerscheinungen von der theoretischen Annahme einer Laminarströmung bei der hydrodynamischen Theorie erheblich abweicht.

Nach diesen grundlegenden Beobachtungen wurden Reibungskurven an Sinterlagern mit vier in der Struktur unterschiedlichen mineralischen und synthetischen Ölen im eigentlichen Hochgeschwindigkeitsbereich zwischen 10 und 24 m/s Gleitgeschwindigkeit durchgeführt. Hierbei waren die Einflüsse des Schmiermittels, der Oberflächenstruktur der Sinterlager und der durch Axialabdichtung beeinflußbaren Querströmung zu untersuchen. Alle diese Versuche wurden unter niedrigen Belastungen gefahren, weil sich im unteren Belastungsbereich die größten Unterschiede zur hydrodynamischen Theorie zeigten. Bei dünnflüssigen Ölen bis zu ca. 5°E/50°C Viskosität war mit steigender Gleitgeschwindigkeit ein starker Reibungsabfall zu verzeichnen, der aber bereits an die Grenze der Mangelschmierung führt. Die Folge ist ein verhältnismäßig unruhiger Lauf mit Neigung zum Fressen. Mit steigender Viskosität über $\eta = 6°E/50°C$ und bei Verwendung strukturviskoser Schmiermittel tritt bessere Füllung und ein gleichmäßigerer Strömungszustand im Lagerspalt auf, der sogar zu einer Reibungserniedrigung und Verflachung der Reibungskurven über den ganzen Hochgeschwindigkeitsbereich führt. Je unabhängiger der Reibungskoeffizient von der Gleitgeschwindigkeit wird, desto mehr nähert sich das Reibungsverhalten einem idealen Viskositätsverlauf, bei dem das Produkt aus η und ω konstant bleibt.

Strukturverfeinerungen und Verdichtungen des Sintermaterials an der Lauffläche führen zwar auch zu einer größeren Konstanz der Reibung über den ganzen Geschwindigkeitsbereich, ergeben jedoch bei Hochgeschwindigkeit keine wesentliche Senkung des Reibungskoeffizienten. Erst durch Anstauung des Schmiermittels bei besserer Axialabdichtung wird sowohl im Hochgeschwindigkeitsbereich als auch im stärkeren Maße bei mittlerer Gleitgeschwindigkeit ein wesentlicher Vorteil durch Reibungssenkung und Verflachung der Reibungskurve über der Gleitgeschwindigkeit erzielt.

Im Rahmen der gestellten Aufgabe konnten zunächst nur die oben beschriebenen grundlegenden Erkenntnisse analysiert werden. Sie führen zu dem Ergebnis, daß man im unteren bis mittleren Geschwindigkeitsbereich, etwa bis zu 8 m/s Gleitgeschwindigkeit, wo alle Reibungskurven bei steigender Geschwindigkeit nochmals im Diagramm einem schwachen Maximum entgegen gehen, durch Drosselung der Ölzufuhr in kontrollierbarem Maße eine Verbesserung des Reibungsverhaltens und damit der Gesamttemperatur erreichen kann, ohne daß die Belastungsfähigkeit darunter leidet. Hier entscheidet schmiertechnisch die normale Ölauswahl nach Viskosität, Stockpunkt und Verdampfungsfähigkeit, sobald Dauerbetriebsforderungen auftreten.

Im oberen Bereich der Gleitgeschwindigkeit über 8 m/s bis zu der von uns untersuchten Grenzgeschwindigkeit von 30 m/s besteht bei Drosselung des Ölumlaufs durch feinere Kapillargefüge oder Gleitflächenverdichtungen die Gefahr der Ölverarmung. Bei hohen Gleitgeschwindigkeiten bringt die Verwendung zäherer resp. strukturviskoser Schmiermittel Erfolg. Den gleichen Wert besitzt die konstruktive Verbesserung der axialen Abdichtung der Lager zur Angleichung der Strömung an einen laminaren Ölfluß. Beide Maßnahmen führen zu höheren Belastbarkeiten.

2. Das Kälteanlaufverhalten von Sintermetall-Gleitlagern

2.1 Einleitung

Das Kälteanlaufverhalten von Geräten, die mit Sintermetall-Gleitlagern ausgerüstet sind, ist heute zu einer wichtigen Frage geworden, da die ständig wachsenden Temperaturanforderungen an die Schmiermittel sich nicht nur auf die obere Temperaturgrenze beziehen, sondern auch bis tief in den Kältebereich ausgedehnt werden. Man verlangt oft von einem Gerät, das der Witterung ausgesetzt wird oder für Kälteaggregate Verwendung findet, noch einwandfreies Anlaufverhalten bei Tieftemperaturen bis $-40°C$, in Einzelfällen sogar noch bis $-60°C$, wobei gleichzeitig auch durch schwankende Außenbedingungen zusammen mit der Eigenerwärmung Temperaturspitzen in der Größenordnung von $+100°C$ bis $+150°C$ beherrscht werden sollen.

Außer in Kältemaschinen sind bei stationär eingebauten Maschinen mit Massivlagerung solche Kälteprobleme früher selten erörtert worden und erst durch die universelle Verwendung des selbstschmierenden Sintermetall-Gleitlagers in Geräten für die Automobilindustrie und die Luftfahrt, aber auch schon im Hausgebrauch tritt das Problem stark in den Vordergrund. Hinzu kommt, daß bei den meisten dieser Geräte die Antriebsleistung relativ gering ist. So ergeben sich beispielsweise bei optischen Geräten oder Kleinlüftern, die von Batterien gespeist werden, Antriebsleistungen bis herab zu 2 bis 3 Watt. Durch Bremswirkung in den Lagern sind solche Motoren und Aggregate natürlich außerordentlich gefährdet, weil der verlangsamte oder sogar minutenlang behinderte Anlauf zu Totalschäden der elektrischen Ausrüstung führen kann.

2.2 Die drei Einflußfaktoren auf den Kälteanlauf

Bei der Untersuchung des Kälteanlaufs überschneiden sich drei Fragenkomplexe, nämlich die Fragen nach dem Einfluß der geometrischen Gestaltung und der Oberflächengüte von Lager und Welle, der Werkstoffe und der Struktur des Kapillargefüges und des rheologischen Verhaltens des Schmiermittels.

Die geometrische Gestaltung umfaßt Lagerspiel, Oberflächenformgenauigkeit und Rauheit der Gleitflächen von Lager und Welle sowie die Wärmedehnungsverhältnisse bei unterschiedlichen Paarungen der Gleitwerkstoffe.

Die Ausbildung des Kapillargefüges, die also nur pulvermetallurgisch zu beeinflussen ist, hat einen erheblichen Einfluß auf die Ölabgabe und den Nachfluß aus den Kapillaren nach der ersten Phase des Anlaufs und gewinnt damit wesentliche Bedeutung.

Das rheologische Verhalten des Schmierstoffes umfaßt außer der Zähigkeit, also der

Scherkraft in Abhängigkeit von Temperatur, Druck und Geschwindigkeitsgefälle auch noch das chemische Verhalten im Hinblick auf oberflächenaktive Bindungen der Grenzschicht.

Um bei der Vielzahl der Einflußfaktoren die Untersuchungen nicht unübersichtlich zu gestalten, mußte die Zahl der veränderlichen Größen so klein wie möglich gehalten werden. Die hier beschriebenen Kälteuntersuchungen beziehen sich daher zunächst auf die meist verwendeten Sintermetall-Qualitäten, speziell also auf Sinterbronze und Sintereisen. Erst nach Feststellung ursächlicher Zusammenhänge bei diesen zwei Werkstoffen wären später die Einflüsse von Grafit, MoS_2, Kupfer, Blei und Bleiverbindungen usw. als reibungsmindernde Zusätze und im Hinblick auf eine Veränderung der Oberflächenspannungen der Schmiermittel einzuplanen. Schon bei den Versuchsreihen mit der normalen Sinterbronze ergeben sich so viele Gesichtspunkte, daß damit die grundsätzlichen Erscheinungen erfaßt werden können.

2.3 Die Phasen des Kälteanlaufs

Beim Kälteanlauf sind zwei Phasen zu unterscheiden. Es ist nicht anzunehmen, daß die Oberflächen von Welle und Lager völlig trocken sind. Schon bei der Montage werden sie entweder eine geringe Schmierschicht aufweisen, oder das Schmiermittel wird beim probeweisen Durchdrehen der Welle nach der Montage gleich aus den Oberflächenporen des Sinterlagers angesaugt.

Diese Schmiermittelschicht friert bei Unterkühlung im Lagerspalt ein und ihre Zähigkeit ist bestimmend für das Abreißdrehmoment, das vom Antrieb aufzubringen ist. Das Einfrieren braucht dabei nicht immer einen wachsartigen, also relativ festen Zustand zu bedeuten, sondern je nach Ölart jedes Zwischenstadium zwischen zähflüssig und fest. Nähert man sich dabei dem Stockpunkt, so kann das Öl strukturviskosen Charakter annehmen, der anderen Gesetzen als denen des fließenden Reibungszustandes unterliegt. In der Praxis hängt der Vorgang des Abreißens bei Bewegungsbeginn bei schwächeren Antrieben oft zeitlich davon ab, wie lange bei einem begrenzten Anlaufdrehmoment der Welle die Durchwärmung der Schmierschicht dauert, wenn eine der aufeinandergleitenden Flächen (Welle oder Lager) aufgeheizt wird. Dies geschieht bei Elektromotoren gewöhnlich durch die Stromwärme, die sich dem Rotor mitteilt, seltener durch Anwärmung aus der Umgebung des Lagers.

In der zweiten Phase, in der nach Einleitung des Gleitvorganges die Zähigkeit mit der Durchwärmung abnimmt, tritt erst das hydrodynamische Gleitverhalten des Schmiermittels in Erscheinung. Dies ist also der Abschnitt, der die Schnelligkeit des Hochlaufs der Welle auf Nenndrehzahl bestimmt. Die Vorgänge in dieser Phase sind sehr kompliziert, da Eigenschaften wie die spezifische Wärme, der Wärmeübergang durch Konvektion und die mögliche Strukturänderung in ihrer Auswirkung auf das rheologische Verhalten eine Rolle spielen.

Nach einleitender Bewegung des Schmiermittels im Lagerspalt beginnt langsam, je nach Wärmezustand, die Nachfüllung des Schmiermittels aus dem Porenvolumen und der Kreislauf durch das Porensystem.

Beim ersten Auftauen des Schmierstoffes nach dem Einfrieren, auch wenn die Tiefsttemperatur noch etwas oberhalb des Stockpunktes liegt, ist der Nachströmvorgang aus den Poren fast ohne Bedeutung, da von der gewöhnlich eingefrorenen Schmiermittelmenge ein genügender Vorrat vorhanden ist, um über längere Zeit (meistens bis zum Erreichen der Solldrehzahl, also über Minuten bis zu $\frac{1}{2}$ h hinaus) eine Schmierung, wenn auch nicht im Sinne einer reinen Flüssigkeitsreibung, aufrechtzuerhalten. Man kann dies durch Anlaufversuche mit Massivlagern unter geringer bis mittlerer Belastung beweisen, die nur einmal bei der Montage geschmiert wurden. Gewöhnlich ist sogar kaum Mischreibung und erst recht keine Trockenreibung zu beobachten.

2.4 Die Gestaltungseinflüsse

Unter den Gestaltungseinflüssen ist vor allem das Lagerspiel für den Abreißvorgang aus dem Stillstand und für den Hochlauf von Bedeutung.
In Abb. 17 sind Anlaufversuche an einem Reihenschlußmotor mit Kalottenlagern 7/15 ⌀ × 10,5 mm aus Sintereisen und Sinterbronze gegen eine Stahlwelle mit Feinstschliff von $R_t = 1,5$ μm Rauhtiefe in Abhängigkeit vom Lagerspiel gezeigt.
Aus den ausgeprägten Minima der bei beiden Lagerqualitäten gemessenen Hochlaufzeiten von einer Anfangstemperatur von 0 °C aus lassen sich reibungsmäßig optimale Zustände bei bestimmten Lagerspielen zwischen $\psi = 2,7$ und $3,8 \cdot 10^{-3}$ erkennen. Die Drehzahlbeschleunigung ist dem Motordrehmoment abzüglich des Lagerreibungsmomentes proportional. Sie erreicht bei den Minima der Kurven Maximalwerte. Da mit wachsendem ψ der Reibungskoeffizient theoretisch umgekehrt proportional abnimmt, ergibt sich automatisch eine Zunahme der Drehbeschleunigung. Die Beobachtung, wonach der Abstieg zum Kurvenminimum sich verflacht, also nicht proportional ist und überhaupt ein ausgesprochenes Minimum auftritt, läßt darauf schließen, daß bei weiterer Steigerung des Spiels sich der Strömungszustand im Lagerspalt und damit der Füllungsgrad bei verstärktem seitlichem Abfluß ungünstig ändern. Rechnungsmäßig ergibt sich aus der Differenz des Motordrehmoments und des fallenden Reibungsmoments durch Differentiation niemals ein Maximum für die Drehbeschleunigung. Eine andere Überlegung sagt, daß mit wachsendem ψ^2 (Abb. 13b aus Teil 1 dieser Arbeit) die Sommerfeld-Zahl So steigt und damit auch χ. Zunächst sinkt also f mit wachsendem χ, bis wahrscheinlich bei Überschreitung des Reibungsminimums entweder Mischreibung eintritt oder sich der Strömungszustand im Lager erheblich verschlechtert, wobei eine erhöhte Scheinviskosität reibungssteigernd wirkt. Von hier an können also die Gesetze der hydrodynamischen Reibung für Massivlager sowieso nicht mehr gelten.
Reibungsminima in bestimmten Bereichen des Lagerspiels sind oft beobachtet worden. Sie treten um so leichter auf, je mehr das Schmiermittel einen nicht Newtonschen Fließcharakter, also strukturviskoses Verhalten, zeigt. Obwohl das verwendete Öl im vorliegenden Fall einen verhältnismäßig hochliegenden Stockpunkt besaß, so daß hier die Kaltstarttemperatur von 0 °C schon ziemlich nahe daran lag, kann man das Ergebnis nicht willkürlich in einem Maßstabverhältnis auf jeden Tieftemperaturbereich übertragen, weil die Strukturviskosität oder zumindest die damit zusammenhängende Änderung des rheologischen Verhaltens mit tiefer absinkenden Temperaturen viel ausgeprägter wird ([11], [17] aus Teil 1).
Die Abb. 18 und 19, in denen Anlaufdrehzahlsteigerungen bei Spaltpolmotoren im Unterkühlungsbereich bis zu −25 und −40 °C bei verschiedenen Ölen dargestellt sind, lassen erkennen, daß der Einfluß der Schmiermittelstruktur hier schon größer ist als das Spiel selbst. Die Spieldifferenzen von $\psi = 0,83$ bis $2,17 \cdot 10^{-3}$ in Abb. 19 machen sich im Hochlauf wenig bemerkbar. Bei gleicher Motortype bestimmen auch schon die unterschiedlichen Motorleistungen (wie auch in Abb. 18), die in jeder Serie vorhanden sind, und die eingefrorenen Schmiermittelmengen das Beschleunigungsverhalten. Es ist der Nachteil für alle exakt durchgeführten Einzeluntersuchungen, daß in der Praxis später die Einflüsse der einzelnen Faktoren zu stark verwischt werden, wenn nicht eine sehr enge Tolerierung der Maße in den Lagerungen und der Antriebsleistungen vorgenommen wird. Man kann also nur genauere Aussagen über das Kälteanlaufverhalten durch Reihenmessungen aus einer Fertigungsserie machen.

Bemerkenswert ist jedoch, daß nicht nur der absolute Stockpunkt eines Öles maßgebend ist, sondern der Verlauf der Strukturviskositätsänderung in Richtung auf den Stockpunkt zu. Von den Schmiermittel-Herstellern können im normalen VT-Diagramm diese Steigerungen im Fließcharakter nicht dargestellt werden, da sie nicht mit normalen Viskosimetern gemessen werden und damit nicht unmittelbar mit den normalen kinematischen Zähigkeiten verglichen werden können. (Abhängigkeit von der Schergeschwindigkeit.)

Entgegen der Einsicht, daß man zum Anlauf aus Tieftemperaturen auf jeden Fall größere Laufspiele als üblich verwenden müßte, steht die Forderung des Verbrauchers nach geräuscharmem Lauf. Ein deutliches Geräuschminimum ergibt sich nämlich bei Spielbemessungen von $\psi = 0{,}8$ bis $1{,}2 \cdot 10^{-3}$. Diese Werte liegen aber von den Spielen in der Größenordnung $\psi = 2$ bis $3{,}5 \cdot 10^{-3}$, bei denen die Reibungsminima gemessen wurden, weit entfernt. Außerdem wird ein Lager, das gleichzeitig Kälteanlauf überwinden muß und Hochtemperaturen in der Größenordnung von $+80$ bis $+100\,°C$ auszuhalten hat, bei zu großen Lagerspielen im hohen Temperaturbereich zu viel Öl verlieren, wenn das Lager nicht axial gedichtet ist. Hier kann nur ein Kompromiß je nach Anforderung geschlossen werden.

Über die Oberflächenrauhtiefe der Reibungsflächen gilt dasselbe, was für warmlaufende Lager bekannt ist. Beim Kälteanlauf dürften die Flächen bei niedrigen und mittleren Belastungen so weit durch das zäh gewordene Schmiermittel getrennt sein, daß metallische Berührung nicht stattfindet. Unterschiede der heute üblichen Rauhtiefenwerte von Welle und Lagern von $R_t = 0{,}3$ bis $2\,\mu m$ ergaben bei Versuchen noch keine nachweisbaren Differenzen im Anlaufverhalten aus der Kälte. Der Hochlauf nach dem Abreißvorgang mit Flüssigwerden des Schmiermittels hängt jedoch von der Laufflächenglätte ab, besonders wenn sich beim Anlauf durch Stockung des Ölnachschubs Schmiermittelmangel einstellt.

Da beim weicheren Lagerwerkstoff die Kalibrierglätte von $R_t =$ ca. $1{,}5$ bis $2\,\mu m$ ausreicht und zudem sich ein Laufspiegel erst ausbildet, sollte als Richtwert für die Wellenoberfläche eine Rauhtiefe von $R_t \leq 1\,\mu m$ angestrebt werden, die durch Glattwalzen oder Superfinishen, bei sorgfältiger Bearbeitung auch schon durch Präzisions-Feinschliff, erreicht wird.

An anderer Stelle [18] (aus Teil 1) ist schon auf die Pumpwirkung von unrunden Wellen hingewiesen worden. Dies geht zwar in erster Linie den Wellen-Hersteller an, muß aber auch für die Lagerfunktion als außerordentlich wichtig erachtet werden, da zu leicht hohe Ölverluste auftreten. Als Richtwert kann ein maximaler Unrundheitsfehler in der Größenordnung von IT 1 bis höchstens IT 2 angenommen werden.

Die bekannten Netzungsschwierigkeiten gewisser Öle bei zu glatten Oberflächen der Wellen ($R_t < 0{,}3\,\mu m$) machen sich natürlich auch beim Hochlauf bemerkbar, so daß die Ölauswahl danach überprüft werden muß. Abhilfe bei schlecht netzenden Mineralölen brachten Mischungen aus Mineralöl und 10% Silikonöl (Spezialmischungen der Ringsdorff-Werke GmbH).

Eisbildung durch Ausscheiden der normalen Feuchtigkeit des Schmiermittels, die eigentlich durch die Evakuierung der Lager beim Tränken in der Fertigung abgesaugt sein müßte, hat auf das Auftauen und die später beschriebene Quietschneigung mancher Öle keinen Einfluß gezeigt. Die Eiskristalle zerbrechen leicht und ergeben nicht annähernd so starken Widerstand, wie aus dem Schmiermittel ausgeschiedene Paraffin-Nadeln.

Da die Ausdehnungskoeffizienten von Sinterlagern im Kältebereich in der Größenordnung um $\alpha = 11$ bis $18 \cdot 10^{-6} \left[\dfrac{m}{m \cdot °C}\right]$ (die niedrigen Werte bei legiertem Sinterstahl, die hohen bei Sinterbronzen) und die der entsprechenden Stahlwellen bei 12 bis 14 · 10⁻⁶ liegen, kann bei dem für geräuscharmen Lauf angegebenen günstigen engen Montagespiel von $\psi \cong 1 \cdot 10^{-3}$ beim Einfrieren bis $-60\,°C$ keine so starke Verengung auftreten, daß das Lager klemmt. Die Verengungen können bei ungünstiger Paarung nur ca. 0,024% vom Durchmesser betragen, also bei Wellen von 10 mm $\varnothing$ ca. 2,4 μm oder ca. 25% vom Anfangsspiel. Nur bei sehr kleinem Spiel wird sich also dieser Betrag beim Abreißvorgang, stärker jedoch beim Hochlauf, bemerkbar machen, während er bei größeren Spielen ohne Einfluß ist. Wenn auch bei engstem Spiel die Durchwärmung ber eingefrorenen Schmierschicht von der Welle aus schneller vor sich geht, kann trotzdem ein starkes Bremsmoment auftreten, weil gewöhnlich bei kaltem Gehäuse und schlechtem Wärmeübergang eine ziemlich starke Pressung der Gleitschicht auftritt. Minimale Grenzwerte festzulegen ist schwierig, da hier alles vom Erwärmungsprozeß abhängt (Spezifische Wärme, Wärmeleitung, Konvektion). Aus Sicherheitsgründen sollte man bei starken Unterkühlungen die Einbauspiele nicht unter $\psi = 1,5 \cdot 10^{-3}$ legen.

2.5 Einfluß der Porenstruktur

Die Porenstruktur hat für das Anlaufverhalten in der zweiten Phase, also bei langsamer Erweichung des Schmiermittels unter Schubbewegung Bedeutung.
In Abb. 17 ist die Hochlaufbeschleunigung sehr stark von der Porengröße des Materials abhängig. Bei Sintereisen streut nämlich die Porengröße der Lager normaler Dichte bis ∼ 80 μm mit größerem Grobanteil, bei normaler Sinterbronze bis ∼ 50 μm mit ziemlich hohem Feinanteil. Da die Kapillarkraft, die den Widerstand bei Druckgefälle ergibt, umgekehrt proportional der 3. Potenz des Radius der Kapillarröhre ist, werden der Zufluß des Öles zum Lagerspalt und der Kreislauf von dem Summenmittelwert der Porengröße und -Verteilung abhängig. Nach vergleichenden Überschlagsmessungen kann sich damit ein Durchschnittsverhältnis zwischen Sintereisen und Sinterbronze bis nahe an 2:1 ergeben.
Der Zustand der Versuchsreihe der Abb. 17 ist aber, obwohl sie bei $\pm 0\,°C$, also schon nahe am Stockpunkt des verwendeten paraffinischen Öles von $4°E/50\,°C$ anlief, doch nur als flüssige Unterkühlung zu werten. Ein »Einfriervorgang« mit fast wachsartiger Konsistenz hatte nicht stattgefunden. Das Öl war noch mit $\eta = 600$ cSt gut flüssig und durchwärmte von der Welle her schnell.
Im Gegensatz dazu sind bei Tiefunterkühlung die beiden Phasen des Anlaufs aber getrennt zu beurteilen. Bei Kaltstart aus Temperaturen von -20 bis $-60\,°C$ wird das Abreißmoment aus dem Stillstand, wie später gezeigt wird, von der Porengröße nicht beeinflußt. In der zweiten Phase bis zur ganzen Durchwärmung der Lagerung, macht sich der Einfluß insofern bemerkbar, als bei Beginn des Nachflusses eine langsam wachsende Dosierung der Ölzufuhr aus einem feinporigen Gefüge (bei Einhaltung gleicher Lagerspiele) zunächst eine geringere Reibung erzeugt, als ein abrupter, stoßartiger Fluß aus grober Porenstruktur, der sogar eine Bremswirkung erzeugt. In den Abb. 18 und 19 zeigt sich diese Erscheinung bereits. Im Abschnitt 2.7 wird näher darauf eingegangen.
An dieser Stelle sei darauf hingewiesen, daß durch Verengung der Austrittsporen an der Lauffläche mittels Nachdrücken (rotierende Dorne), Glattwalzen oder Verwendung eines Zweischichtlagers mit feinstporiger Lauffläche auf gröberer Stützschale zweifellos die Tragfähigkeit erhöht und Laufgeräusche und Einlaufverschleiß verringert werden, so daß schon deswegen eine solche Feinstruktur vom Hersteller und Verbraucher angestrebt wird.

2.6 Die rheologischen Eigenschaften des Schmiermittels

Da es sich bei den Kaltstartphasen für das Schmiermittel um ein Übergangsstadium handelt, das auch durch das Porengefüge beeinflußt wird, treten die rheologischen Eigenschaften in den Vordergrund.

Das Sinterlager nimmt auch hier gegenüber der normalen Gleitlagerung mit Massivlagern und ständiger definierter Ölzufuhr eine Sonderstellung ein, als der Schmiermittelfluß im Lagerspalt durch das Kapillargefüge gesteuert wird. Es überlagern sich also Einflüsse des rheologischen Verhaltens des erwärmten Schmiermittels, die schon bei normalem Fließzustand durch das Kapillargefüge Schwierigkeiten bei der Berechnung der Zähigkeit und damit der Reibung ergeben (vgl. Teil 1 dieser Arbeit) und des völlig veränderten rheologischen Verhaltens bei Unterkühlung resp. beim Erwärmen der Schmierschicht im Lagerlaufspalt. Da keine Schmiermittel von rein Newtonschem Fließverhalten bis zum Stockpunkt zur Verfügung stehen, können bei Verwendung normaler Mineralöle und synthetischer Schmierstoffe nacheinander und nebeneinander in der Schmierschicht und in den Kapillaren alle Zustände von idealviskos, pseudoplastisch und plastisch, u. U. sogar dilatant, durchlaufen werden.

Ein Versuch, aus der Vielzahl der Erscheinungsformen einen Ansatz für eine Berechnung des Startvorganges zu finden, verspricht wenig Erfolg, weil die Struktur der Schmiermittel nicht genügend bekannt ist und sich der Vorgang zu schnell abspielt, um zeitlich getrennte Zwischenzustände festzuhalten.

2.7 Ergebnisse von speziellen verlangsamten Anlaufversuchen aus dem unterkühlten Zustand

Es war notwendig, den Anfahrvorgang aus dem unterkühlten Zustand experimentell unter Sichtkontrolle zu behalten, wozu er stark verlangsamt aufgenommen werden mußte. Dafür konnte kein Aggregat mit Eigenerwärmung, wie z. B. ein Elektromotor zum Versuch gewählt werden, da in seinen Lagern die Übergänge durch Wärmesteigerung über die Welle zu schnell erfolgen und damit verwischt werden. Es wurde eine gesonderte Apparatur einfachster Bauart mit kontinuierlich regulierbarem Fremdantrieb benutzt, wie sie in Abb. 20 gezeigt ist.

2.7.1 Die Versuchseinrichtung

Das Gerät besteht aus einer in Kugellagern gelagerten Welle, die von einem Einphasen-Wechselstrommotor von 0,5 kW mit kontinuierlicher Drehzahlregulierung bis $n = 3000$ U/min angetrieben wird. Auf dem frei herausragenden Wellenzapfen liegt ohne Stirnflächenberührung ein Lagerträger mit einem Versuchslager der Abmessung 20/30 ⌀ ×20 mm auf, der durch zwei Ausleger im statischen Moment völlig ausgeglichen wurde. Der eine Ausleger drückt dabei auf den Hebelarm einer Federwaage, so daß bei Übertragung des Reibungsmoments durch Mitnahme des Lagers an der Waage eine dem Reibwert proportionale Kraft abgelesen werden kann. Die Lagerspiele lagen in dem für Sinterlager meistens angewendeten Bereich von $\psi = 1$ bis $1,8 \cdot 10^{-3}$. Nach kurzem Einlauf bei Zimmertemperatur (2 Std.) wurde der auswechselbare Wellenzapfen mit dem Lager in einer Kältetruhe eingefroren, bei Erreichen der Prüftemperatur herausgenommen und sofort das Anlaufmoment gemessen. Während des sehr langsamen Hochlaufs wurde in 30 bis 50 Sekunden-Intervallen jeweils eine um 500 U/min höher liegende Stufe bis zu 3000 U/min kurz gehalten und die Reibung gemessen. Danach erfolgte ein Warmlauf über 10 min, (teilweise mit äußerem Anblasen durch Heißluft) bis zur Temperatur von $t = +35\,°C$.

2.7.2 Untersuchung von vier strukturell unterschiedlichen Versuchsölen

In Abb. 21 sind vier Gruppen Anfahrdiagramme (Reibungszahl über der Hochlaufdrehzahl) gezeigt. Jede der vier Kurvenscharen wurde für ein Öl dargestellt. Die Auswahl umfaßte ein synthetisches Ätheröl (a), ein flüssiges Fett mit naphthenischem Grundöl (b), ein Silikonöl (c) und ein naphthenisches Mineralöl (d). Die Kurven zeigen die Reibungsänderungen beim Anfahren aus verschiedenen Kältestufen (—30, —15 und 0°C) und einer Wärmestufe (+25°C). In (c) und (d) sind Sintereisen- und Sinterbronze-Lager gegenübergestellt. Durch den Fremdantrieb wurde der Kältezustand möglichst lange gehalten. Natürlich trat mit der steigenden Drehzahl eine geringe Reibungserwärmung auf, jedoch erfolgte diese so langsam und stetig, daß das Hochlaufdiagramm zeitlich gestreckt werden konnte.

Alle vier Versuchsöle unterschiedlicher Struktur zeigen ein gemeinsames Merkmal: Die Anfahrreibungskräfte (Abreißkräfte) aus dem Stillstand sind bei jeder Anfahrtemperatur kleiner als die Reibwerte der ersten Bewegungsphase. Dies war durch Schleppzeiger-Anzeige einwandfrei feststellbar. In Tab. 3 sind die Werte für Sinterbronze und Sintereisen gegenübergestellt.

Tab. 3 Anlaufreibungszahlen von Sintermetall-Lagern bei unterschiedlichen Temperaturen (Abreißzustand)

Ölart	Viskosität °E/50°C	Stockpunkt °C	Dichte γ g/cm³	Lagerqualität	Spiel $\psi \cdot 10^3$	Abreiß-Reibwert f bei —30°C	—15°C	±0°C	+25°C
a) Ätheröl	6	—43	1,030	Sinterbronze	1,1÷1,3	0,55	0,49	0,30	0,26
b) Flüssiges Fett	15 (6,5 Gr)	—30	0,920	Sinterbronze	1,0÷1,3	0,64	0,51	0,27	0,22
c) Silikonöl	6,4	—65	1,086	Sinterbronze	1,5÷1,7	0,24	0,22	0,22	0,22
				Sintereisen	1,1÷1,3	0,29	0,28	0,30	0,22
d) Naphthen. Mineralöl	4,2	—33	0,905	Sinterbronze	1,7÷1,8	0,26	0,26	0,25	0,23
				Sintereisen	1,2÷1,4	0,45	0,42	0,37	0,24

Auch hier beweist sich wieder, daß das Fließverhalten nicht unmittelbar vom Stockpunkt abhängt. Beim Start von Zimmertemperatur (+25°C) aus sind alle Reibungszahlen einander fast angeglichen. Das Silikonöl gleicht bei Unterkühlung fast genau dem naphthenischen Grundöl trotz unterschiedlicher Viskositäten und Stockpunkte. Die größten Unterschiede a) b) $c_{Eisen})$ und $d_{Eisen})$ gegen $c_{Bronze})$ und $d_{Bronze})$ dürften hauptsächlich vom Spiel beeinflußt sein, das bei der ersten Gruppe am engsten ($\psi = 1{,}1$ bis 1,4) und bei der zweiten ($\psi = 1{,}5$ bis 1,8) am größten ist.

Im gesteuerten, langsamen Hochlauf wechseln die Reibungszustände bei im allgemeinen abfallender Tendenz der Reibungszahl. Der Reibungsverlauf ist bei Sinterbronze unter Tieftemperaturen etwas gleichmäßiger, also der Kurvenform nach stetiger, als bei Sintereisen. Ein wesentlicher Unterschied im Kurvencharakter bei stärkeren Unterkühlungen ist nicht gegeben, obwohl doch die rheologische Struktur bei jedem Öl anders ist.

Ein starker Wechsel der Reibung bei Hochlauf (Wellenform der Kurve) ist allerdings regelmäßig beim Warmanlauf ($+25°C$) und z. T. noch eben bei $0°C$ zu verzeichnen. Solche zwischenzeitlichen Anstiege der Reibungszahl konnten aber auch künstlich dadurch erzeugt werden, daß man den Lagerkörper mit Heißluft von außen aufheizte. Es genügten schon 10 bis 20 sec, um den Reibwert auf das Vier- bis Fünffache zu steigern. Da der starke Antrieb gleichmäßig durchzog, war die Drehzahl im Versuch leicht zu halten. Im praktischen Einsatz an einem Elektromotor oder motorisch angetriebenen Gerät aber bedeutet dies einen Bremseffekt, der den Antrieb fast völlig abwürgen kann. Die Ursache ist einfach ein starker Öleinschuß aus den Poren in den Lagerspalt, der sich am Lagerende auf der Welle und an den Stirnflächen durch starken Ölaustritt und Schaumbildung bemerkbar macht.

Die Druckabhängigkeit der Zähigkeit ist bei Newtonschen Flüssigkeiten bei dieser geringen Steigerung vernachlässigbar. Nach den Kurven kann sie auch bei Silikonöl und synthetischem Ätheröl kaum vorhanden sein, jedoch wäre der exakte Nachweis noch zu erbringen. Man kommt also wieder auf die im Abschnitt 1 angeschnittene Frage der Strömungsturbulenz als Einflußgröße für f zurück, die also auch für den Kaltanlauf in dem Bereich, in dem schon ein Nachschub aus dem Porensystem stattfindet, gültig wäre (Scheinviskosität η').

Wenn ein solches periodisches Nachfüllen des Schmierspaltes stattfinden kann, so wäre die Periode beim »Auftauen« abhängig von der Durchwärmung der Schmierschicht. Bei dieser sich nur aus der Eigenreibung sehr langsam erwärmenden Apparatur müssen sich also, wie die Diagramme bestätigen, kurze Perioden für den Anlauf aus höheren Anfangstemperaturen (0 bis Zimmertemperatur), lange bei Anlauf aus tiefer Abkühlungergeben. Der Nachschub aus den Poren dürfte dabei auch nicht gleichmäßig sein. Wie sich schon äußerlich an den Stirnseiten durch Schaumkonzentration die Zone des engsten Schmierspaltes deutlich abzeichnete, so wird von hier aus eine stärkere Abnahme der Zähigkeit und der Beginn des Nachschubs ausgehen, bevor eine gesamte Kreisströmung zwischen Druck- und Entlastungszonen in den Kapillaren entsteht.

Ein weiterer Versuch bestätigte, daß nur die Füllung und der Strömungswiderstand im Lagerspalt Ursache des beobachteten wechselnden Reibungsanstieges war. Einzelne Versuchsläufe wurden im Zustand der hohen Reibungssteigerung kurz unterbrochen und das Öl von Welle und Lagerbohrung schnell abgewischt, was bei der einfachen Apparatur leicht möglich war. Sofort war nach erneuter Inbetriebnahme der Reibungswert auf einen Minimalwert (unter 0,1) gesunken, wie er selbst vor der Steigerung nie beobachtet worden war. Erst sehr langsam füllte sich der Lagerspalt, um dann auch wieder eine schwach steigende Tendenz des Reibungswertes zu zeigen.

Wird dieser Vorgang, der hier bewußt zeitlich auseinandergezogen war, wesentlich verkürzt, wenn bei starkem Abtrieb die Drehzahl schnell gesteigert wird und eine Aufheizung von der Welle aus stattfindet, so wäre die periodische Reibungsschwankung mit großer Wahrscheinlichkeit eine Erklärung für den ruckweisen Hochlauf und Drehzahlabfall aus dem Kältezustand, wie er oft bei Sinterlagern beobachtet und wahrscheinlich zu Unrecht als Stick-slip-Verhalten gedeutet wird. Häufig wird dies von starken Quietschgeräuschen begleitet. Schon bei diesem Versuch des langsamen Hochlaufs deutet sich die bekannte Sägezahnform des Drehzahlanstiegs an, bis ein Temperaturgleichgewicht erreicht ist.

Das selbständige Aufholen der Drehzahl nach jeder Periode des »Abwürgens« wäre allein durch seitliche Strömungsverluste aus dem Lagerspalt und Zähigkeitsminderung infolge der nachfolgenden Temperaturverteilung (und Erhöhung) zu erklären.

In diesem Zusammenhang muß kurz auf den Einfluß der spezifischen Wärme, der Wärmeleitung und der Konvektion bei fließender Strömung eingegangen werden. Nach einem Diagramm von KRAUSSOLD [9] erreicht die raumspezifische Wärme $c \cdot \gamma \left[\frac{mkg}{m^3 \cdot °C} \right]$ von Ölen bei $\gamma = 900$ kg/m³ (0,900 g/cm³) einen Maximalwert. In einzelnen Unterkühlungsbereichen, z. B. bei —60, —30 und bei 0°C betragen die äußersten Unterschiede der c-Werte aller Öle, von denen paraffinische spezifische Gewichte in der Größenordnung von 850 bis 900, naphthenische von 890 bis 920 und synthetische von 920 bis 1090 kg/m³ haben, nur ca. 10 bis 12%. Bei Erwärmung von —60°C (Tieftemperaturöle) resp. von —30°C (Öle mit mittlerem Stockpunkt) auf 0°C ändern sich die c-Werte nur um ca. 6 bis 14%.

Tab. 4

Spezifisches Gewicht des Öles (Kg/m³)	c-Werte in mkg/m³ °C bei			Unterschiede Δc bei Erwärmung			
				zwischen —60 und 0°C		zwischen —30 u. 0°C	
	—60°C	—30°C	0°C	absolut	%	absolut	%
900	138	151	161	23	14	10	6,2
1090	124	132	145	21	14,5	13	9
Unterschied in % vom Maximalwert	10,1	12,5	9,95				

Nähme man als Idealfall den üblichen logarithmischen Abstieg der Viskosität mit steigender Temperatur nach den VT-Kurven bei den Ölen an (Formel von WALTHER), so beträgt der Abfall für die Temperaturspannen von —60 oder —30°C auf 0°C mehrere hundert Prozent, da man sich hier im steilsten Bereich der Walther-Kurve befindet. Dagegen sind die wenigen Prozent Wärmeaufnahmeänderung $c \cdot \gamma$ überhaupt vernachlässigbar, wollte man die Reibungsänderung aus der entstehenden Reibungsleistung errechnen.

Die Veränderung des Wärmeleitvermögens im Öl kann keinen Einfluß auf den Anlaufvorgang ausüben, da die Wärmeleitzahl sich im gesamten Kaltstart-Temperaturbereich um weniger als 10% verändert. Beim Wärmeübergang im Öl und im Metall der Umgebung bestimmt das Temperaturgefälle in Richtung der Normalen zum Flächenelement die in der Zeiteinheit abgeführte Wärmemenge. Diese aber zu erfassen dürfte so schwierig sein, daß die Fehlermöglichkeiten die Zuverlässigkeit einer Rechnung in Frage stellen.

Ebenso ungenau dürften die Berechnungen der Konvektion in der Schichtströmung des Spaltes sein, vor allem, wenn schon Ölnachschub aus den Poren erfolgte. Alle Berechnungsunterlagen setzen Faktoren voraus, die für kontinuierliche Strömungen gelten und an stationären großdimensionierten Lager experimentell gefunden wurden. Nicht nur die ständige Änderung des Wärmegefälles in der Schmierschicht, deren Dicke sich mit der Erwärmung ändert, sondern die Zunahme der Strömung in den Kapillaren und der Wärmeübergang an der großen Oberfläche des Kapillargefüges, sowie die unterschiedliche Wärmezufuhr von der Welle her lassen eine eindeutige Erfassung nicht zu. In späteren Untersuchungen muß versucht werden, durch Abstraktionen einzelner Faktoren dieses komplizierten Systems die Einzeleinflüsse zu sondieren.

Die versuchten Bewertungen der einzelnen Einflußgrößen beim Kaltstart befriedigen nur zum Teil, da das rheologische Verhalten damit noch nicht eindeutig erfaßt ist. Es erscheint notwendig, eine grundsätzliche Betrachtung über die Strukturviskosität anzuschließen.

2.7.3 Einfluß der Strukturviskosität

Beim Hochlauf ist das Schmiermittel in einem Übergangsstadium von Strukturviskosität zum Newtonschen Fließverhalten. In Abb. 22 sind vier prinzipielle Beispiele für die Abhängigkeit der Schubspannung resp. der Zähigkeit von der Schergeschwindigkeit gezeigt. In einer Newtonschen Flüssigkeit ist die Zähigkeit

$$\eta = \frac{\tau}{G} \left[\frac{\text{Schubspannung}}{\text{Schergeschwindigkeit}} \right]$$

bei linearer Abhängigkeit der Schubspannung vom Schergefälle eine Parallele zur G-Achse. Es gibt also keine Abhängigkeit von G. Neben dieser ideal-viskosen Art tritt in der Nähe des Stockpunktes oder allein durch den Charakter des Öles (flüssiges Fett mit Seifengerüst, synthetisches Öl, Öl mit hochpolymeren Zusätzen) ein pseudoplastisches, plastisches oder sogar ein dilatantes Verhalten auf [11, 17] (Scheinviskositäten). Hier liegt bereits eine Erklärung dafür, daß der Abreiß-Reibungswert niedriger liegt, als die von der Zähigkeit abhängige Reibung im ersten Bewegungsanlauf (vgl. Abb. 21). Die Zähigkeit springt entweder nach Kurve 3 sofort auf einen Anfangswert, der höher als die Abreißscherkraft ist, oder steigt wenigstens ziemlich steil nach Kurve 2 an. Mit erhöhter Geschwindigkeit nimmt dann noch im eigentlichen Unterkühlungszustand die Zähigkeit ab. Der Vorgang wird aber schon sehr unübersichtlich, sobald echte Flüssigkeit aus den Poren nachfließt, die sich schon dem Newtonschen Fließverhalten nähert.

Das dilatante Fließverhalten kann zur Erklärung einer folgenden Erscheinung mit herangezogen werden, die sich parallel zu der ruckweisen Drehzahländerung im Hochlauf zeigt.

2.7.4 Großuntersuchung des Kälteanlaufverhaltens von 97 Ölen in sintergelagerten Elektromotoren

In einer groß angelegten Untersuchung von 58 Mineralölen und 39 synthetischen Ölen in ihrem Anlaufverhalten in Elektromotoren zeigten sich fast immer starke Neigungen zum ruckweisen Kälteanlauf und zum Quietschen. Dieses Geräusch trat nicht regelmäßig, also reproduzierbar auf und erstreckte sich sogar bis in den Wärmebereich bei $+5°C$ (dies allein schließt schon als Ursache eine Eiskristallbildung aus). Obwohl naphthenische Öle mit ihren Ringmolekülen anders reagieren, als paraffinische mit den langen Paraffinketten, zeigten sich selbst bei Naphthenen das ruckweise Gleiten und die Quietschneigung, meistens sogar in demselben starken Maß wie bei Paraffinölen. Versuche mit Zusätzen von Stockpunkterniedrigern (aromatische Paraffinwachs-Kondensationsprodukte oder polymerisierte Metakrylatester) zu den paraffinischen Ölen, die ein Zusammenwachsen des paraffinischen Verbandes verhindern sollten, brachten keine nennenswerte Verbesserung. Da die normalen Naphthene immer einige Paraffingruppen enthalten, wurden auch Öle untersucht, die zusätzlich völlig entparaffiniert waren. Hier war ein einwandfreies Hochlaufverhalten ohne Quietschneigung zu beobachten. Solche Öle sind aber zu teuer, um sie in die Praxis einzuführen. Sie verlieren außerdem erheblich an Tragfähigkeit.

Die synthetischen Öle nehmen eine Sonderstellung ein. Von den Herstellern wird behauptet, daß die meisten dieser Öle bis zum Stockpunkt Newtonsche Flüssigkeiten darstellen. Öle auf Ester-, Diester- und Ätherbasis und Polyglykole netzen nicht nur außerordentlich gut die metallischen Oberflächen, sondern zeigten tatsächlich das beste gleichmäßige Hochlaufverhalten, wenn auch in sehr seltenen Fällen doch noch schwache Quietschneigung. Auch bei Silikonen, die wegen ihrer chemischen Neutralität gegenüber Kunststoffen und Metallen oft bevorzugt werden, wurden trotz des tiefen Stockpunktes und der nahezu Newtonschen Fließfähigkeit bis in den Kältebereich hinein wenige Fälle beobachtet, in denen geringe Quietschneigung auftrat, jedoch verringerten schon Zumischungen von geringen Mengen Silikonöl ($\sim$ 10 bis 20%) zu Mineralölen und flüssigen Fetten infolge der besseren Grenzschichtbildung die beschriebenen Nachteile (vgl. Abschnitt 2.4 über Ölnetzung).

Ein dilatantes Fließverhalten kann eine derartige Steigerung der Schubspannung ergeben, daß ein Bruch in der Substanz auftritt. (Physikalische Erklärung: elektrische Ladungen, welche zwischen den Teilchen abstoßende Kräfte hervorrufen.) In solchen Schichtungsebenen, in denen ein echter Bruch des Zusammenhanges stattfindet, könnte evtl. ein Stick-slip-Verhalten auftreten, welches die Quietschgeräusche hervorruft. Die Beobachtungen zeigen nämlich, daß die Tonhöhe unabhängig von den mechanischen Abmessungen und Massen der Lagerung ist, so daß eine Anregung des ganzen Systems zu Schwingungen nach dem Feder-Masse-System, das die Frequenz bestimmen würde, nicht stattfindet.

Die Erwärmungsgeschwindigkeit hat einen erheblichen Einfluß auf das Durchlaufen der einzelnen rheologischen Zustände. Daher neigen vor allem starke Motoren, bei denen die Drehzahlsteigerung die Erwärmung der Wellen und Lager gleichsam überholt, zu solchen Hochlaufstockungen mit Quietschneigung, während schwache Motoren durch die wesentlich geringere Drehbeschleunigung und stärkere Erwärmung bei schleppendem Hochlauf zeitlich eine gewisse Angleichung an den Wärmezustand erfahren und diese Phänomene viel weniger zeigen. Bei Massivlagerungen sind in Vergleichsuntersuchungen bei denselben Antrieben diese Erscheinungen nicht aufgetreten. Wahrscheinlich durchwärmt die dünne Schicht im Schmierspalt bei Eigenantrieb über die Ankerwelle dann relativ schnell. Man könnte vermuten, daß erst bei Zufluß aus den Oberflächenporen solche kritischen Zustände möglich sind. Das ruckweise Gleiten und die Quietschneigung konnten, wenn sie einmal eingeleitet waren, auch durch zusätzliche Ölung von außen nicht abgestellt werden. Die anomalen Reibungszustände sind aber offenbar labile Zustände, da man sie durch Klopfen auf den Antrieb oder durch Schwenken des ganzen Aggregats, also Gewichtsverlagerung, ruckweise abstellen oder anregen kann.

In Tab. 5 sind die Ergebnisse der Reihenuntersuchung der 97 Versuchsöle, die also rein empirisch zu bewerten sind, dargestellt. Sie wurden gestaffelt nach Temperaturgruppen (Einfriertemperaturen) von $-40\,°C$ bis $\pm 0\,°C$ nach Zahl der jeweils einer Ölgruppe zugehörenden Menge geordnet.

Tab. 5

Ölart	Zahl der untersuchten Öle	Anzahl der Öle ohne Hochlaufdrehzahlstockungen und Quietschneigung bei:				
		$-40\,°C$	$-30\,°C$	$-20\,°C$	$-10\,°C$	$\pm 0\,°C$
paraff. Mineralöle	22	5	2	7	3	5
naphth. Mineralöle	36	5	4	7	10	10
Silikonöle	12	7	2	–	3	–
synth. Öle (Ester, Diester)	26	12	4	6	3	1
synth. Polyätheröl	1	1				

Die in der ersten Kolonne aufgeführte Ölzahl (—40°C) zeigt die Öle an, die ohne Störung und Geräusch gelaufen sind. Bei den übrigen Kolonnen mit höher liegender Temperatur treten also schon die genannten Störungen bei tieferer Unterkühlung als der angezeigten ein. Vergleicht man den Prozentsatz der ersten Kolonne mit der Gesamtzahl der jeweiligen Gruppe, so zeigt sich der Vorzug der Silikonöle mit ca. 60% störungsfreiem Anlauf. Die übrigen synthetischen Öle ergeben 50%.

Die Zuordnung der Viskositäten und der Stockpunkte, die hier nicht aufgeführt sind, ergibt ein verwirrendes Bild, da weder das eine noch das andere eine Gesetzmäßigkeit erkennen läßt. So laufen z. B. Öle mit —20°C Stockpunkt z. T. bei den Mineralölen bei Unterkühlung bis —40°C schwer aber einwandfrei an, vorausgesetzt, daß der Antrieb die Welle durchzieht, während sog. Anti-stick-slip-Öle mit Stockpunkten bis —50°C bereits bei —10° und 0°C stockenden Anlauf und Quietschneigung zeigten. Es würde über den Rahmen dieser Arbeit hinausgehen, ausgedehnte Untersuchungen über den Molekülaufbau, die Einflüsse der in jedem Öl enthaltenen Additivs und die damit zusammenhängenden Gitterstörungen zu untersuchen, so daß hier nur Erfahrungswerte mitgeteilt werden konnten.

2.8 Zusammenfassung

Die Untersuchung des Kälteanlaufs bei Sinterlagern läßt eine solche Anzahl von Einzelproblemen erkennen, daß eine übersichtliche Trennung aller Einflußgrößen notwendig war. Wenn die Versuche sich nur auf Sinterbronze- und Sintereisen-Lager konventioneller Herstellung beschränken, so geschah dies, um die Zahl der Einflußgrößen möglichst zu reduzieren.

Es ist notwendig, beim Kälteanlauf zwei Phasen zu unterscheiden, den Abreißvorgang mit dem Beginn der Gleitbewegung und den folgenden Hochlauf mit dem Nachschub des Schmiermittels aus den Poren. Für die erste Phase dürfte allein das Strukturviskositätsverhalten des Schmiermittels im Lagerspalt verantwortlich sein. In der 2. Phase, also auch noch bei unterkühltem Hochlauf, treten erhebliche Änderungen in der Struktur bis zum Newtonschen Fließverhalten auf, so daß hier schon in verstärktem Maße das Lagerspiel, der Oberflächencharakter der Gleitflächen und die Porenstruktur von starkem Einfluß sind. In einer Spezialvorrichtung wurde der Anlaufvorgang nach Unterkühlung zeitlich so auseinandergezogen, daß die Reibungsänderungen in den einzelnen Phasen des Anlaufs sichtbar gemacht werden konnten. Es ergaben sich periodische Reibungsschwankungen, die auf das Einschießen erwärmter Schmiermittelmengen aus dem Porengefüge zurückzuführen sind. Eine Drosselung des Ölstromes durch Feinstruktur des Lagerwerkstoffes wirkt sich dabei reibungsmindernd aus. Der Einfluß der Porenstruktur macht sich auch beim Warmhochlauf in der Weise stark bemerkbar, als sich hier umgekehrt die grobere Porenstruktur beschleunigend auf die Drehzahlsteigerung auswirkt. Beide Tendenzen können durch die rheologischen Eigenschaften der Schmiermittel zum Teil kompensiert werden. Für eine solche Angleichung aller Forderungen eignen sich synthetische Öle wesentlich besser als mineralische Schmierstoffe, weil sie sich offenbar in der Struktur mehr dem Newtonschen Fließverhalten nähern.

3. Literaturverzeichnis

[1] BOLLENRATH, F., und W. SIEDENBURG, Untersuchung an Gleitlagern bei hohen Geschwindigkeiten. Forschungsbericht der DVL LG 170, gesammelt von der Zentralstelle für Luftfahrtdokumentation und -Information (ZLDI), München 1957.
[2] FALZ, E., Grundzüge der Schmiertechnik, Berlin 1931.
[3] FALZ, E., Lagerspiele für hohe Drehzahlen. Schweizer Bauzeitung, Bd. 103 (1934).
[4] HUMMEL, CH., Kritische Drehzahlen als Folge der Nachgiebigkeit des Schmiermittels im Lager. VDI-Forschungsheft 287 (1926).
[5] IUSZA, I., Rasch laufende Radiallager. Skoda-Mitteilungen, Bd. 2 (1940).
[6] LASCHE, O., Die Reibungsverhältnisse im Lager bei hoher Umfangsgeschwindigkeit. Z. VDI (1902, 1932, 1961).
[7] CAMERON, A., A. E. STAINSBY und V. T. MORGAN, Critical conditions of hydrodynamic lubrication of porous metal bearings. Proc. Inst. Mech. Engrs. (London), Vol. 176, No. 28 (1962).
[8] MORGAN, V. T., Hydrodynamic porous metal bearings. Journal of the Society of Lubrication Engineers, Dez. 1964.
[9] VOGELPOHL, G., Betriebssichere Gleitlager. Verlag Springer, Berlin (1958).
[10] GÜMBEL/EVERLING, Reibung und Schmierung im Maschinenbau. Verlag Kayn, Berlin (1925).
[11] Lexikon der Schmiertechnik, herausgegeben von G. Vögtle, Franksche Verlagsbuchhandlung Stuttgart (1964). (Darstellung nach Kollmann/Sabin), S. 261.
[12] GÖTTNER, G. H., Über Kennzahlen für das Viskositäts-Temperatur-Verhalten von Schmierstoffen. S. Hirzel Verlag, Leipzig (1949).
[13] HAGG, A. C., und G. O. SANKEY, Elastic and damping properties of oil-film journal bearings for application to unbalance vibration calculations. J. appl. Mech. 25 (März 1958), Nr. 1.
[14] KRÄMER, E., Der Einfluß des Ölfilms von Gleitlagern auf die Schwingungen von Maschinenwellen. VDI-Bd. 35 (1959), »Schwingungstechnik«.
[15] KÜHNEL, R., Werkstoffe für Gleitlager. Verlag Springer, Berlin (1952).
[16] VOGELPOHL, G., Die Stribeck-Kurve als Kennzeichen des allgem. Reibungsverhaltens geschmierter Flächen. Z. VDI., Bd. 96 (1954).
[17] Sonderheft, »Messungen rheologischer Eigenschaften.« Herausgegeben von der Contraves-Industrieprodukte GmbH., Stuttgart-Vaihingen, Holzhauser Str. 16, Bulletin 6704-652 (1967).
[18] Technische Mitteilungen der Ringsdorff-Werke, Heft 1 (1967), S. 8 und 9.

4. Abbildungsanhang

Abb. 1 Ansicht des Lagerprüfstandes für hohe Gleitgeschwindigkeiten

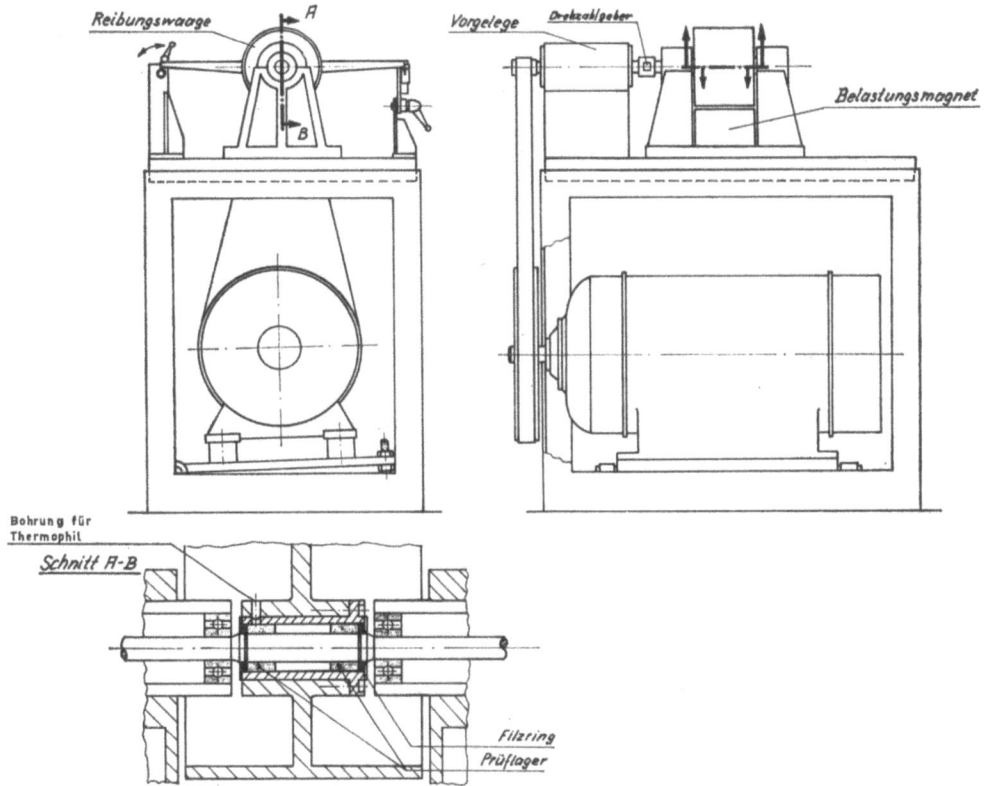

Abb. 2   Schema-Bild des Lagerprüfstandes

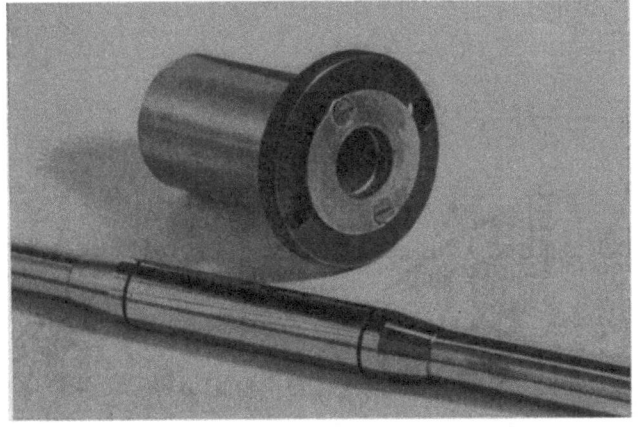

Abb. 3   Ansicht der Lagerstützbuchse im Lagerträger mit Gleitlagern und der Prüfstandswelle

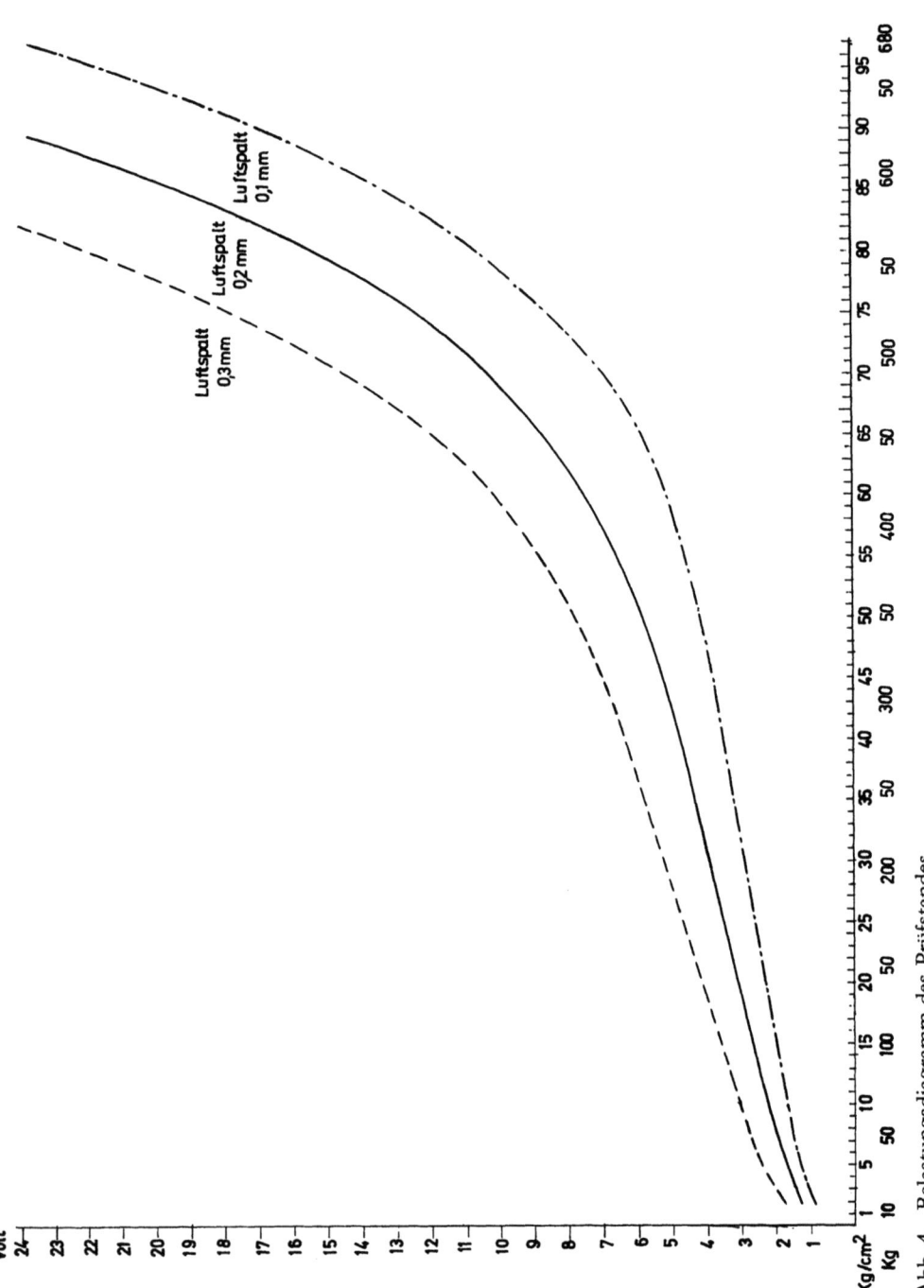

Abb. 4 Belastungsdiagramm des Prüfstandes
Magnetische Zugkraft in Abhängigkeit von der elektrischen Spannung bei verschiedenen Ankerluftspalten

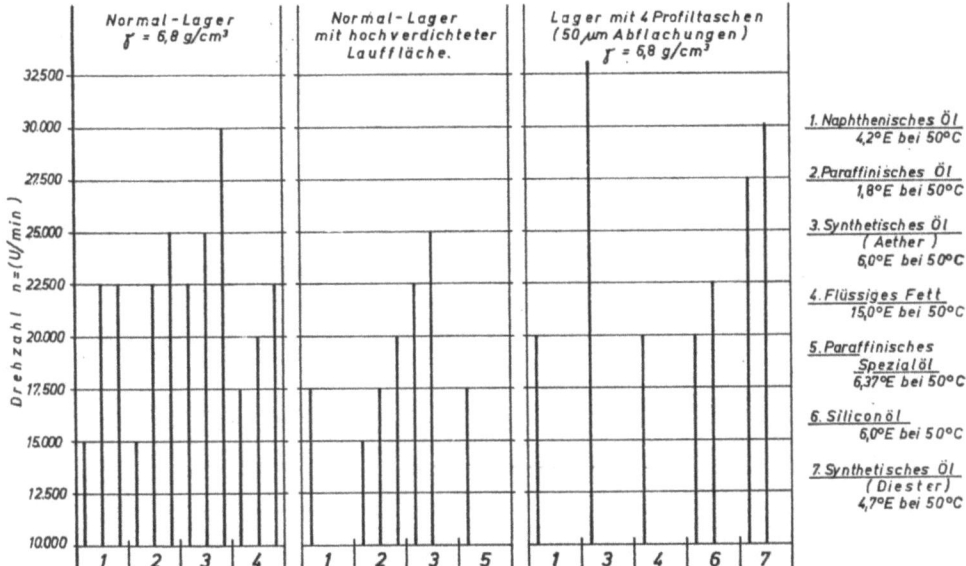

Abb. 5 Überblick über die Versuchsläufe mit den erreichten Höchstdrehzahlen bei verschiedenen Ölen

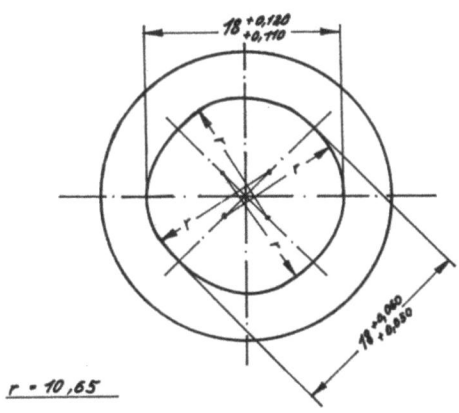

Lagerabmaße: 18/28 × 18,9

Abb. 6 Sinterlager mit vier flachen Öltaschen über den Bohrungsumfang verteilt
Tiefe ~ 30 μm

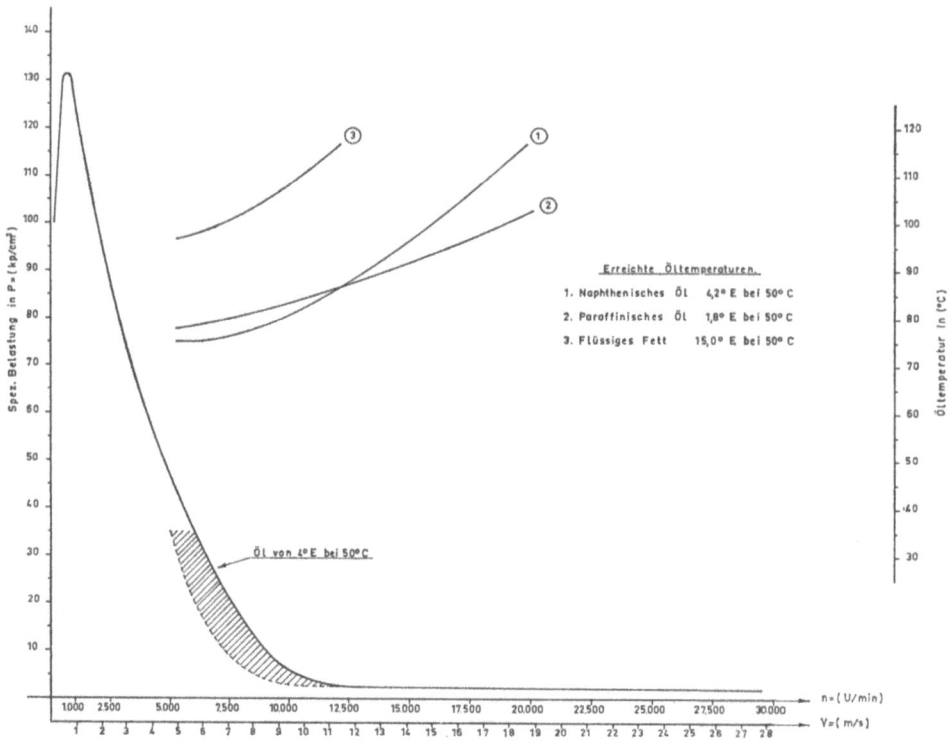

Abb. 7 Grenzlastkurve von Sinterlagern
Belastung in Abhängigkeit von der Drehzahl bzw. von der Gleitgeschwindigkeit bis $v = 30$ m/s

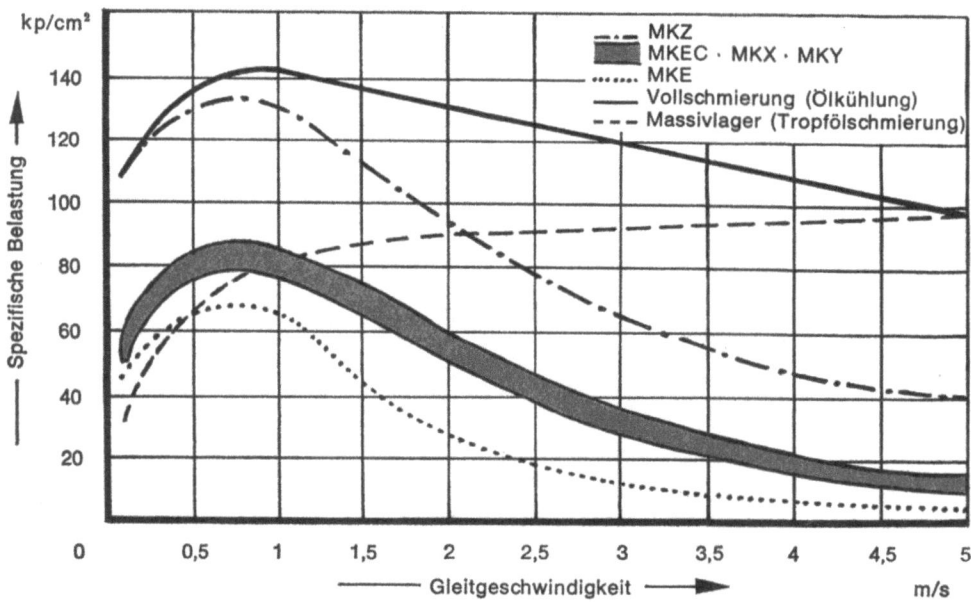

Abb. 8 Grenzlastkurven von Sinterlagern unterschiedlicher Qualitäten
Älteres veröffentlichtes Druck/Geschwindigkeits-Diagramm für Gleitgeschwindigkeiten bis $v = 5$ m/s (nach Unterlagen der Ringsdorff-Werke GmbH)

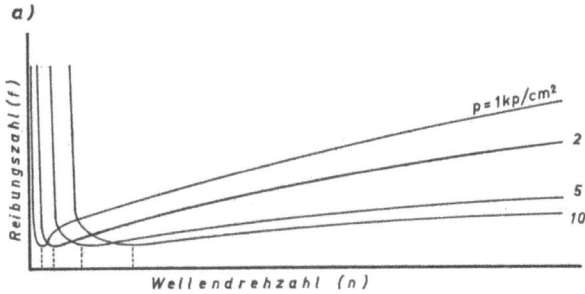
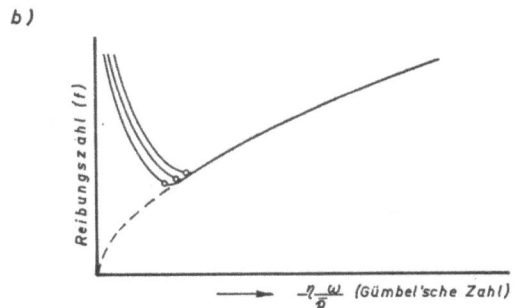

Abb. 9   Reibungszahlen von Massivlagern mit Ölschmierung in Abhängigkeit von der Drehzahl und Belastung nach Messungen von STRIBECK

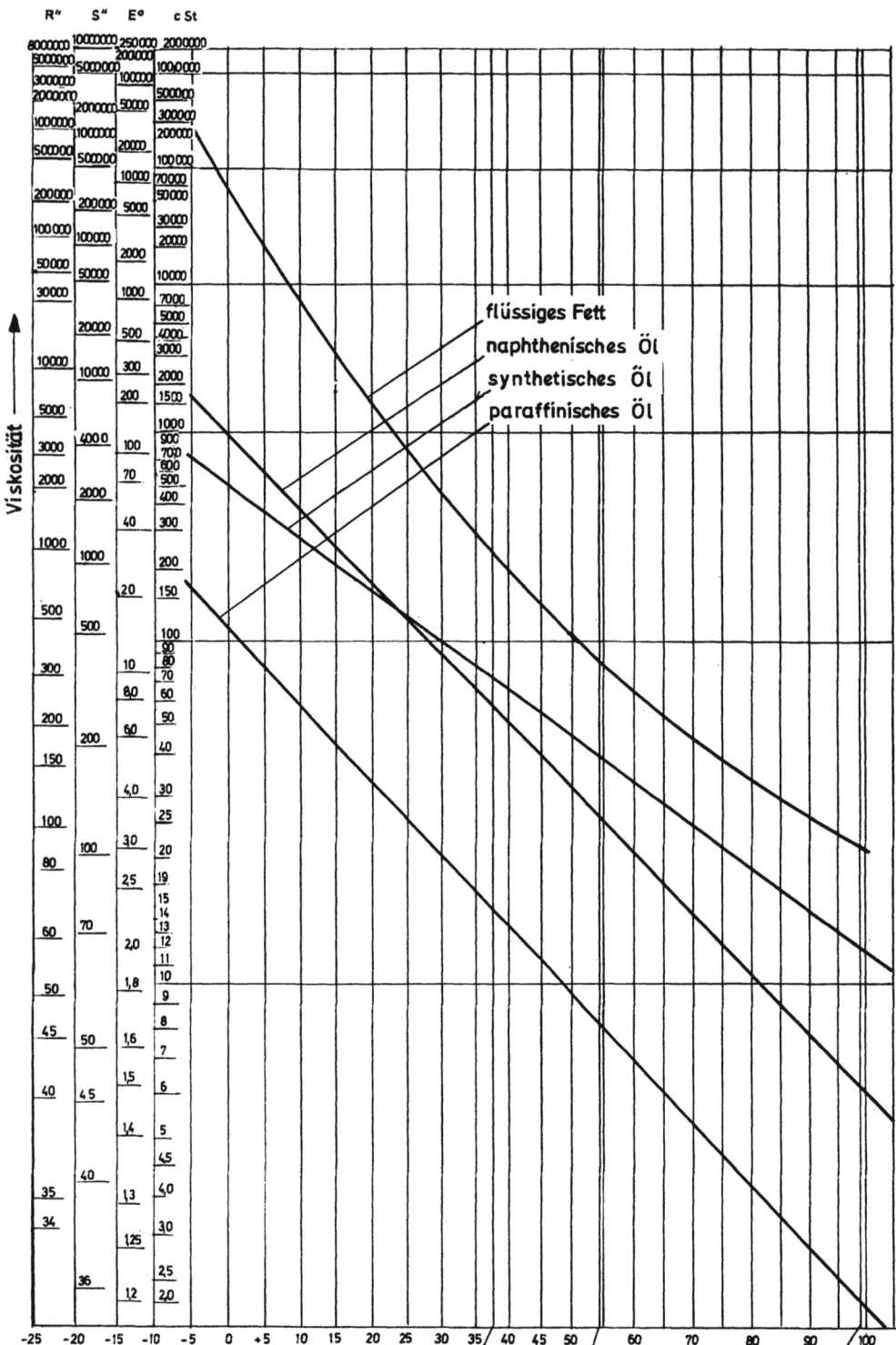

Abb. 10 VT-Charakteristiken von vier Versuchsölen

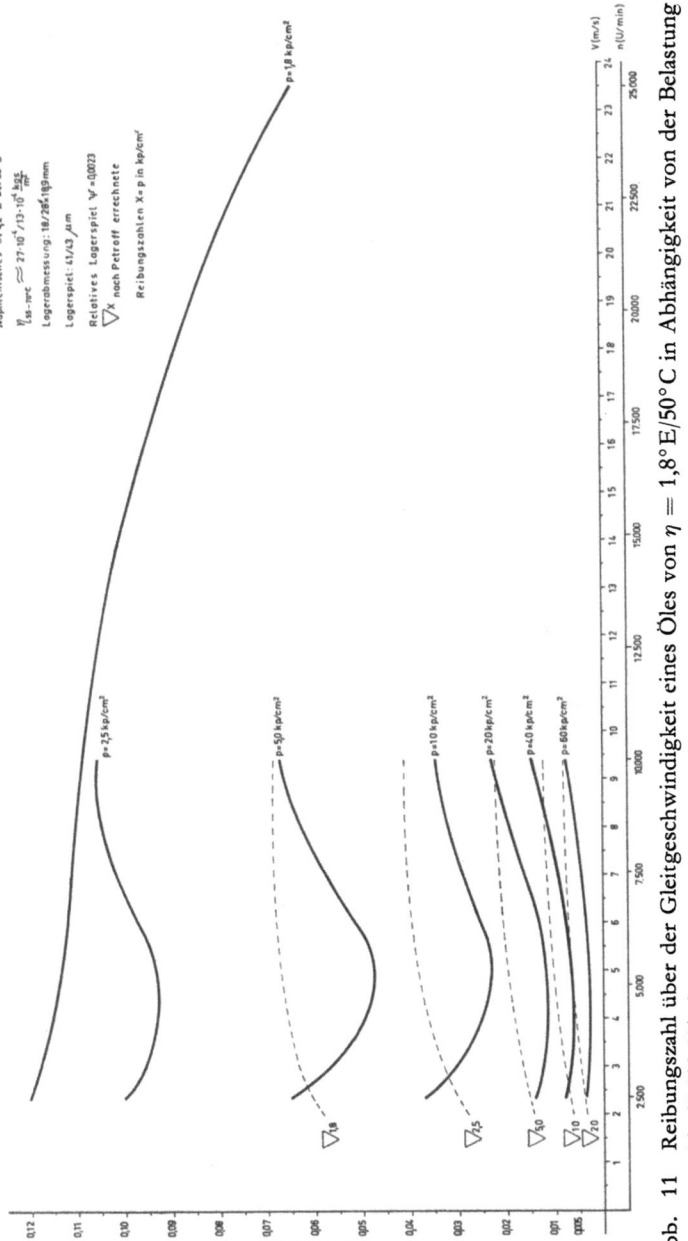

Abb. 11 Reibungszahl über der Gleitgeschwindigkeit eines Öles von $\eta = 1{,}8°\,E/50°\,C$ in Abhängigkeit von der Belastung bis 10000 U/min

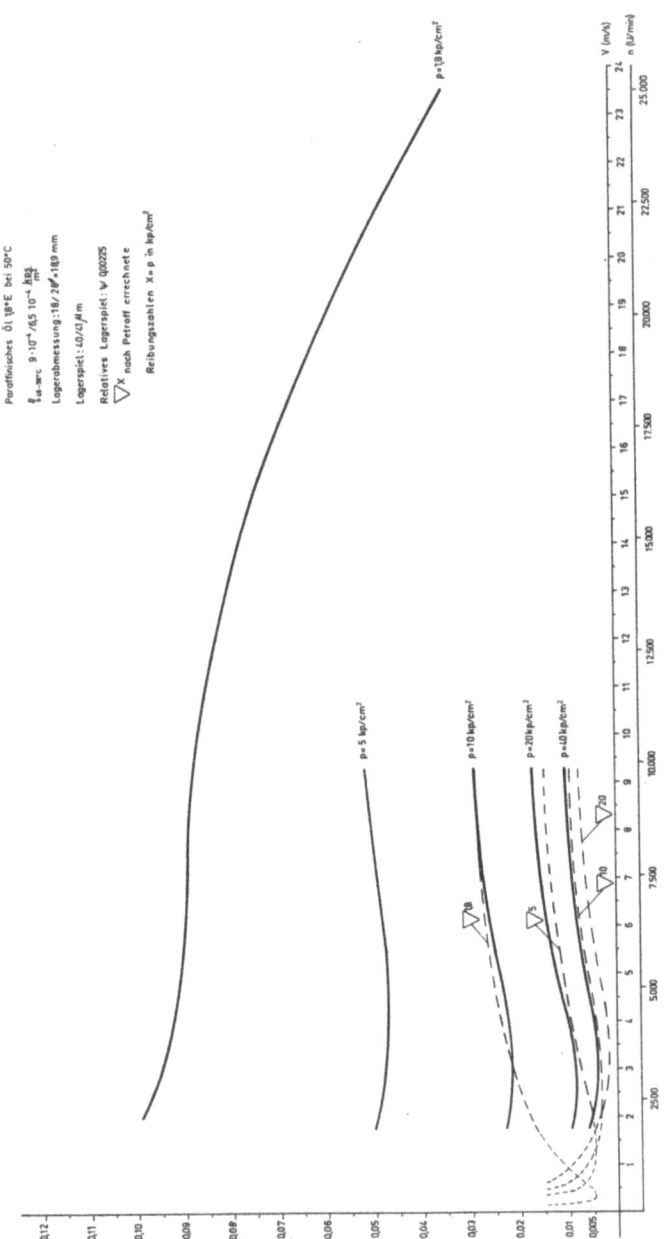

Abb. 12 Reibungszahl über der Gleitgeschwindigkeit eines Öles von $\eta = 4{,}2°E/50°C$ in Abhängigkeit von der Belastung bis 10000 U/min

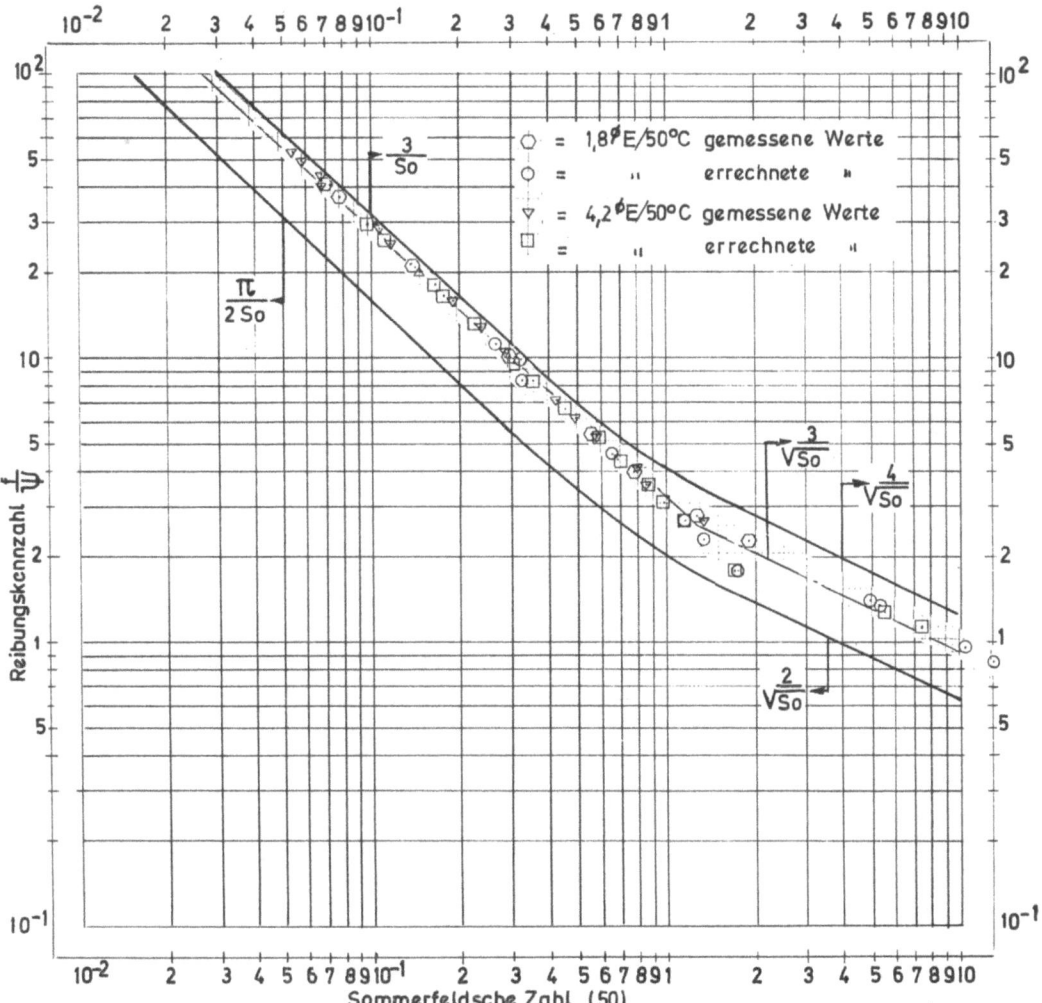

Abb. 13 a) Reibungskennzahl $\frac{f}{\psi}$ als Funktion der Sommerfeld-Zahl So

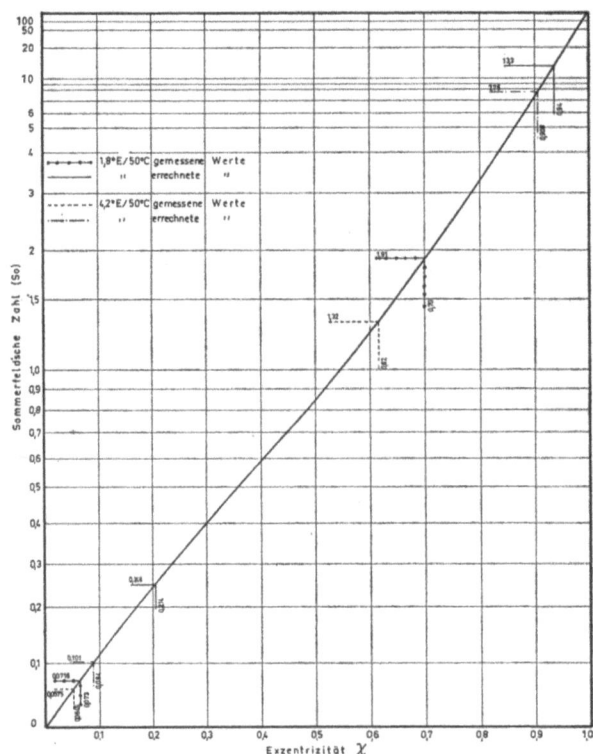

Abb. 13 b) Sommerfeld-Zahl So als Funktion der relativen Exzentrizität χ bei einem Verhältnis $B/D = 1$

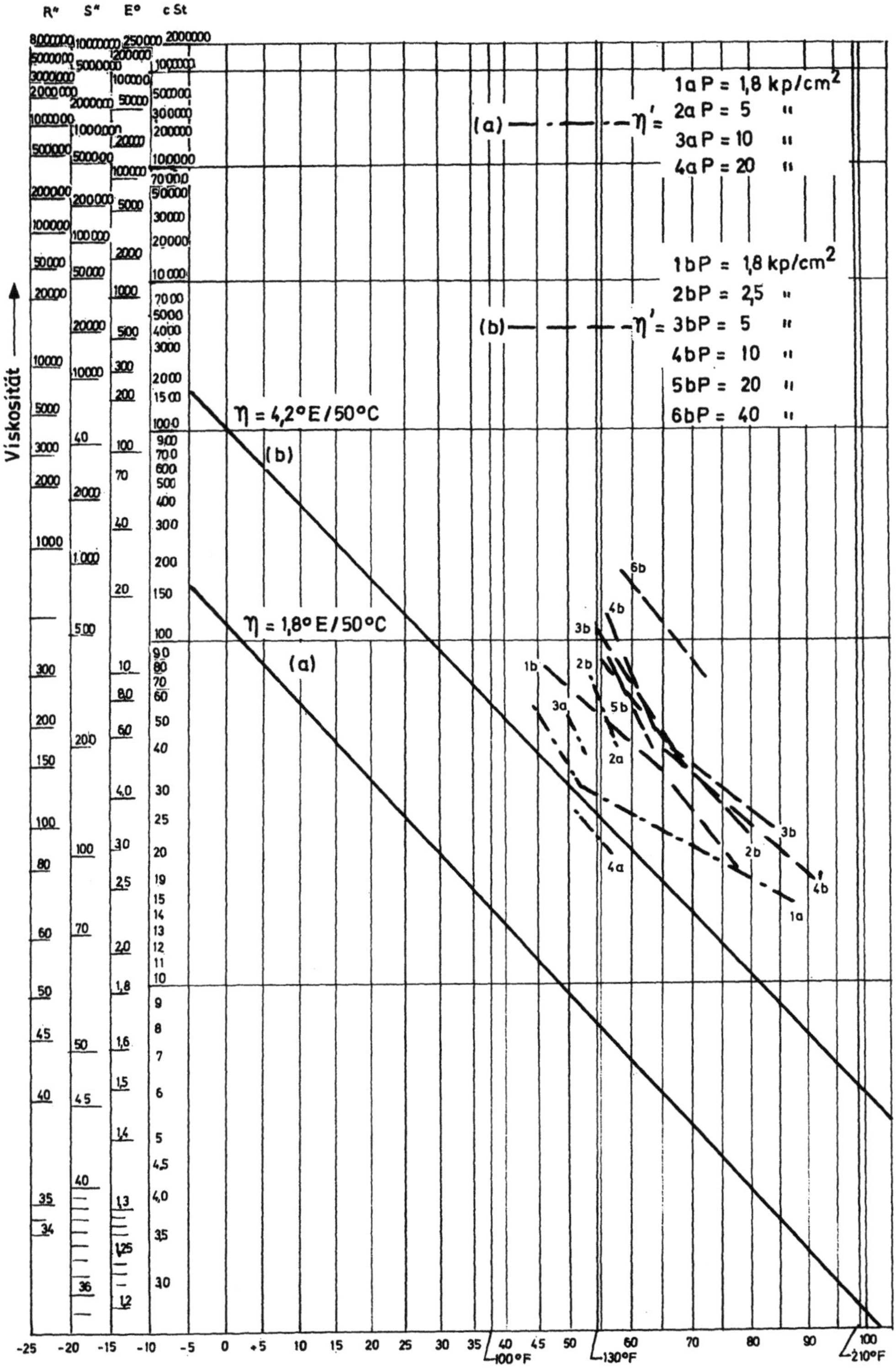

Abb. 14 VT-Charakteristiken der Versuchsöhle von 1,8 und 4,2° E/50° C
mit η-Korrekturen nach gemessenen Reibungswerten an Sinterbronze-Lagern
im Bereich $v = 2{,}4$ bis $9{,}5$ m/s
($\eta' =$ korrigierte Werte)

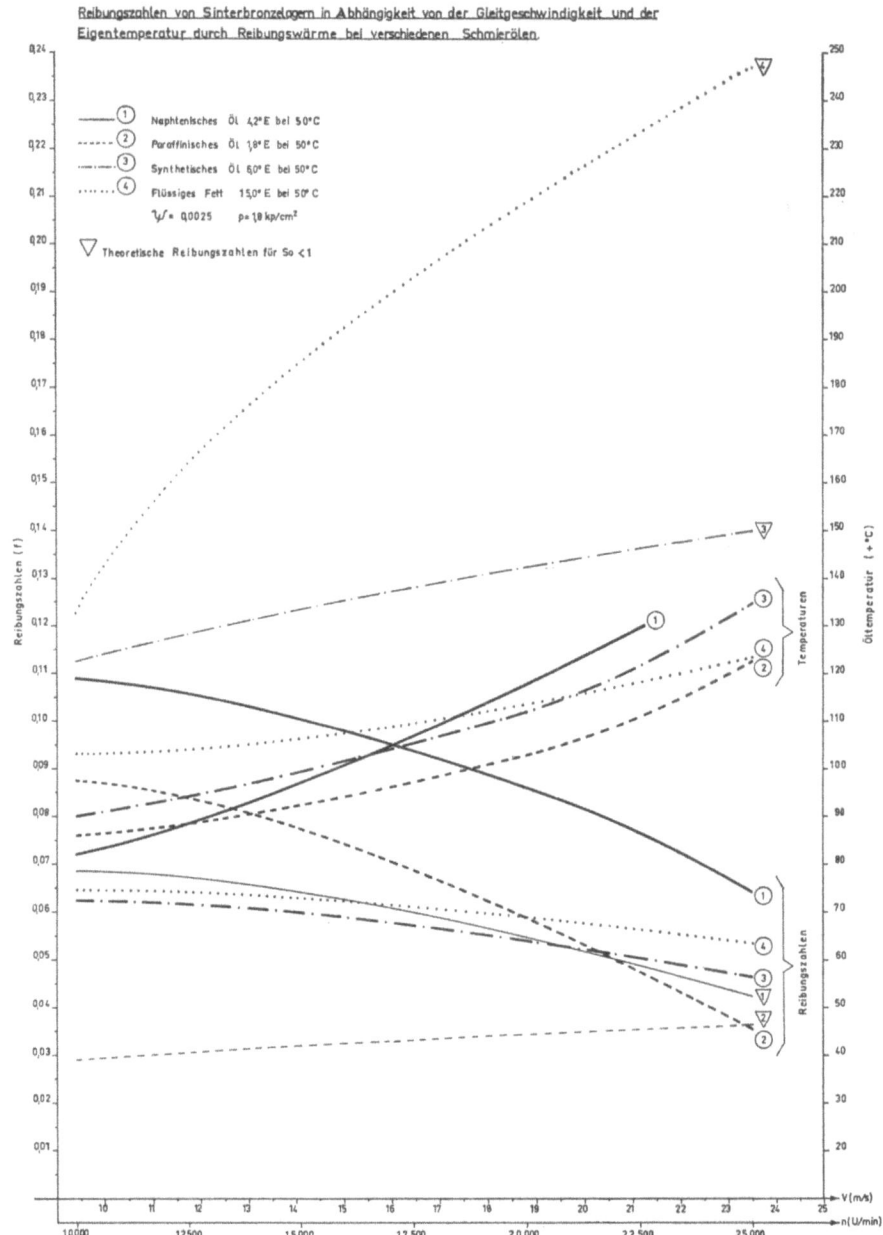

Abb. 15 Reibungszahländerung von vier verschiedenen Versuchsölen bei 1,8 kp/cm² Belastung im Bereich von 10 bis 25 m/s Gleitgeschwindigkeit mit entsprechenden Öltemperaturen

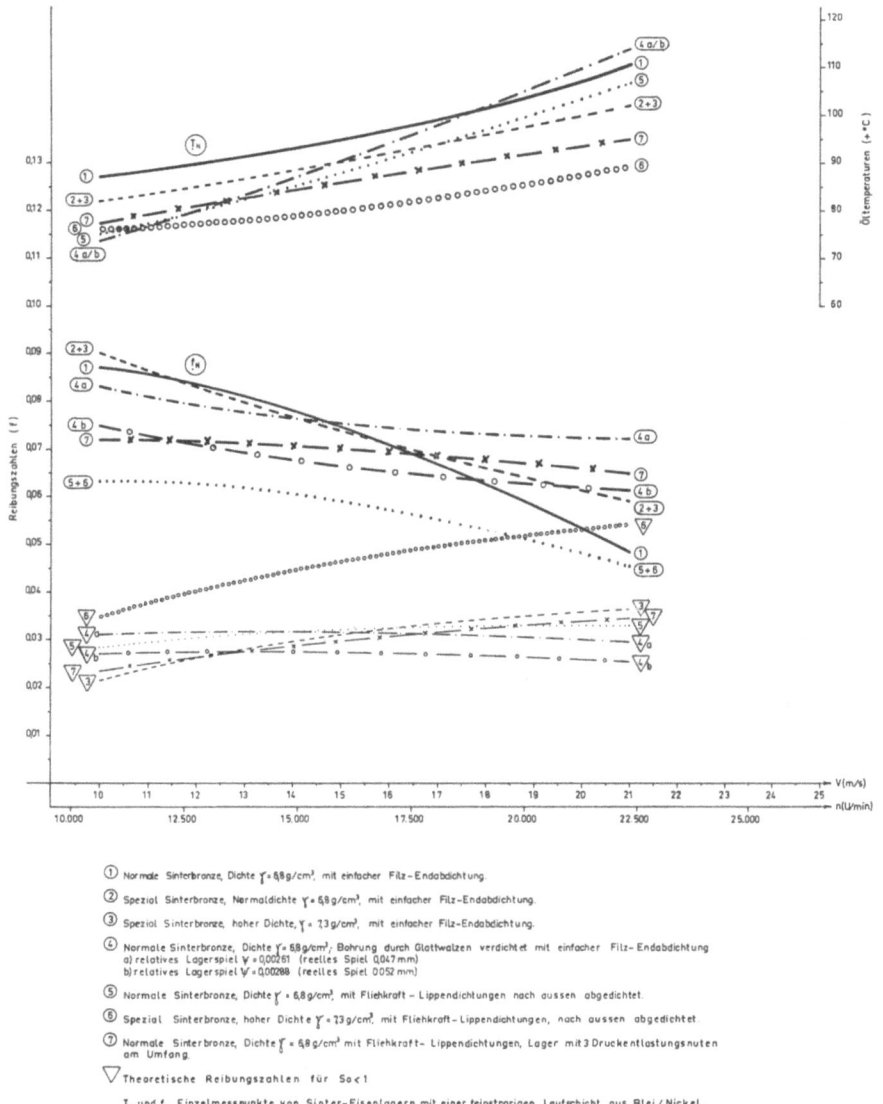

Abb. 16 Reibungszahländerung und Temperaturen von Sinterbronze-Lagern in Abhängigkeit von der Gleitgeschwindigkeit im Bereich über 10 m/s bei unterschiedlichen Materialdichten, Lagerspielen und Axialabdichtungen bei einem Öl von $\eta = 1{,}8°\,\text{E}/50°\,\text{C}$

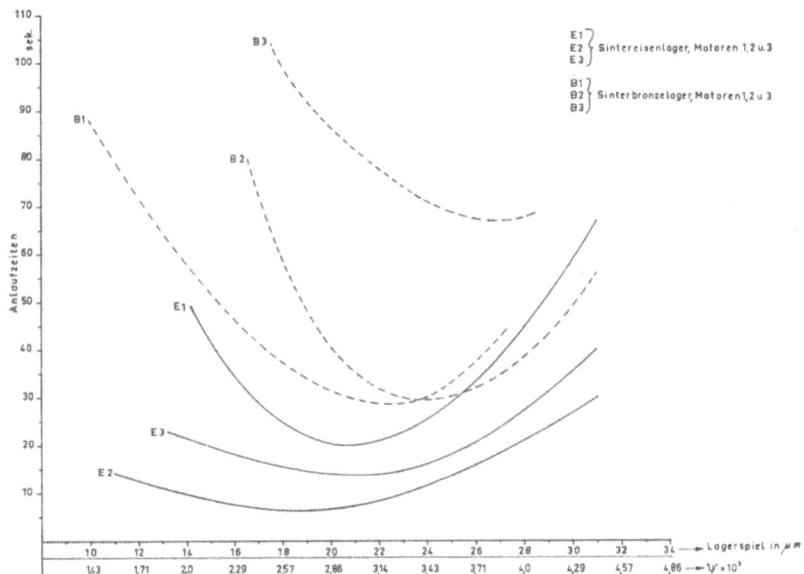

Abb. 17 Anlaufzeiten von Reihenschlußmotoren bis zur Höchstdrehzahl von 15 000 U/min bei Kaltstart von ± 0° C aus in Abhängigkeit vom Lagermaterial, Sintereisen und Sinterbronze und vom Lagerspiel
Schmiermittel: Paraffinisches Öl von $\eta = 4°$ E/50° C,
Kalottenlager 7/15 ∅ × 10,5 mm

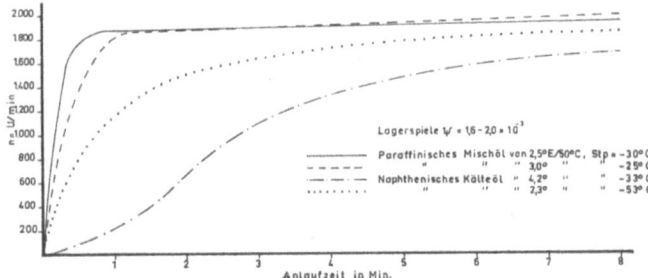

Abb. 18 Drehzahlsteigerung eines Spaltpolmotors mit Sintereisen-Kalottenlagern 5/10 ∅ × 7 mm vom Kaltstart bei — 25° C bis zur Höchstdrehzahl unter Verwendung von vier verschiedenen Tränkölen
Lagerspiele 8 und 10 μm ($\psi = 1{,}6$ und $2 \cdot 10^{-3}$)

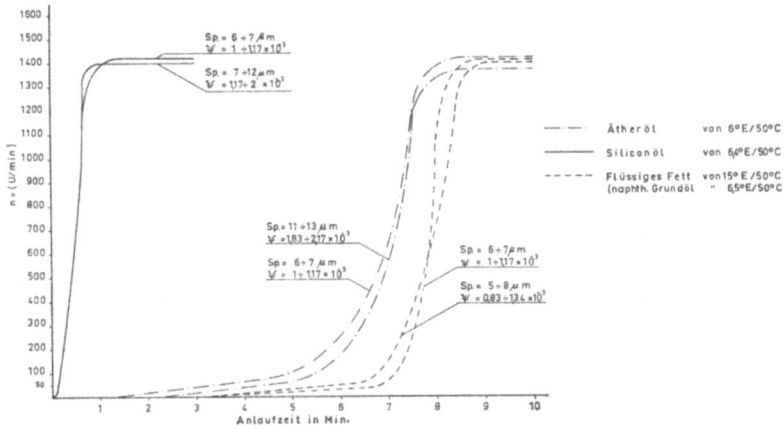

Abb. 19 Drehzahlsteigerung eines Spaltpolmotors mit Sinterbronze-Kalottenlagern 6/12 ⌀ × 8 mm vom Kaltstart bei $-40\,°C$ bis zur Höchstdrehzahl (1300 bis 1400 U/min)
Vergleich zwischen synthetischen Ölen und einem flüssigen Fett mit naphthenischem Grundöl
Lagerspiele 5 bis 13 μm ($\psi = 0{,}83$ bis $2{,}17 \cdot 10^{-3}$)

Abb. 20 Versuchsapparatur für Kälteanlaufuntersuchungen

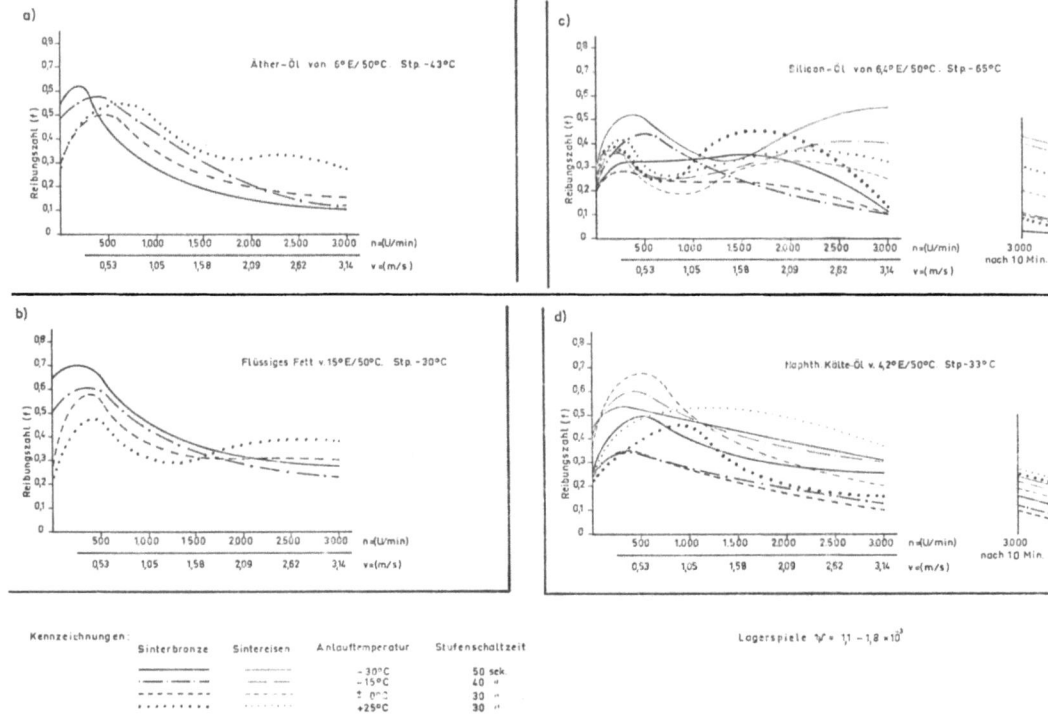

Abb. 21   Anlauf-Reibungszahlen von Sintereisen- und Sinterbronze-Lagern mit vier verschiedenen Ölqualitäten bei Kaltstart von — 30, — 15, ± 0 und + 25°C

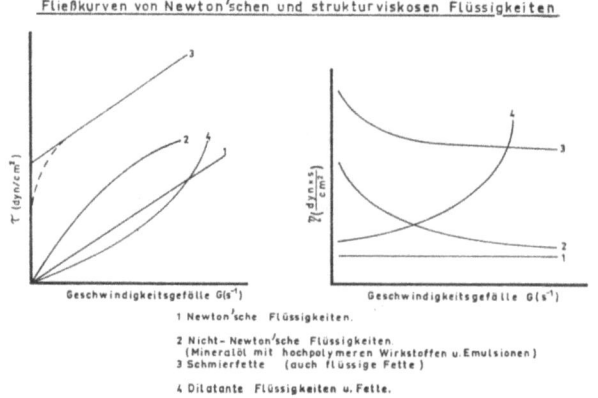

Abb. 22   Fließkurven von Newtonschen, strukturviskosen und dilatanten Flüssigkeiten und Fetten

Forschungsberichte des Landes Nordrhein-Westfalen

Herausgegeben im Auftrage des Ministerpräsidenten Heinz Kühn
von Staatssekretär Professor Dr. h. c. Dr. E. h. Leo Brandt

Sachgruppenverzeichnis

Acetylen · Schweißtechnik
Acetylene · Welding gracitice
Acétylène · Technique du soudage
Acetileno · Técnica de la soldadura
Ацетилен и техника сварки

Arbeitswissenschaft
Labor science
Science du travail
Trabajo científico
Вопросы трудового процесса

Bau · Steine · Erden
Constructure · Construction material ·
Soil research
Construction · Matériaux de construction ·
Recherche souterraine
La construcción · Materiales de construcción ·
Reconocimiento del suelo
Строительство и строительные материалы

Bergbau
Mining
Exploitation des mines
Minería
Горное дело

Biologie
Biology
Biologie
Biologia
Биология

Chemie
Chemistry
Chimie
Quimica
Химия

Druck · Farbe · Papier · Photographie
Printing · Color · Paper · Photography
Imprimerie · Couleur · Papier · Photographie
Artes gráficas · Color · Papel · Fotografía
Типография · Краски · Бумага · Фотография

Eisenverarbeitende Industrie
Metal working industry
Industrie du fer
Industria del hierro
Металлообрабатывающая промышленность

Elektrotechnik · Optik
Electrotechnology · Optics
Electrotechnique · Optique
Electrotécnica · Optica
Электротехника и оптика

Energiewirtschaft
Power economy
Energie
Energía
Энергетическое хозяйство

Fahrzeugbau · Gasmotoren
Vehicle construction · Engines
Construction de véhicules · Moteurs
Construcción de vehículos · Motores
Производство транспортных средств

Fertigung
Fabrication
Fabrication
Fabricación
Производство

Funktechnik · Astronomie
Radio engineering · Astronomy
Radiotechnique · Astronomie
Radiotécnica · Astronomía
Радиотехника и астрономия

Gaswirtschaft
Gas economy
Gaz
Gas
Газовое хозяйство

Holzbearbeitung
Wood working
Travail du bois
Trabajo de la madera
Деревообработка

Hüttenwesen · Werkstoffkunde
Metallurgy · Materials research
Métallurgie · Matériaux
Metalurgia · Materiales
Металлургия и материаловедение

Kunststoffe
Plastics
Plastiques
Plásticos
Пластмассы

Luftfahrt · Flugwissenschaft
Aeronautics · Aviation
Aéronautique · Aviation
Aeronáutica · Aviación
Авиация

Luftreinhaltung
Air-cleaning
Purification de l'air
Purificación del aire
Очищение воздуха

Maschinenbau
Machinery
Construction mécanique
Construcción de máquinas
Машиностроительство

Mathematik
Mathematics
Mathématiques
Matemáticas
Математика

Medizin · Pharmakologie
Medicine · Pharmacology
Médecine · Pharmacologie
Medicina · Farmacología
Медицина и фармакология

NE-Metalle
Non-ferrous metal
Metal non ferreux
Metal no ferroso
Цветные металлы

Physik
Physics
Physique
Física
Физика

Rationalisierung
Rationalizing
Rationalisation
Racionalización
Рационализация

Schall · Ultraschall
Sound · Ultrasonics
Son · Ultra-son
Sonido · Ultrasónico
Звук и ультразвук

Schiffahrt
Navigation
Navigation
Navegación
Судоходство

Textilforschung
Textile research
Textiles
Textil
Вопросы текстильной промышленности

Turbinen
Turbines
Turbines
Turbinas
Турбины

Verkehr
Traffic
Trafic
Tráfico
Транспорт

Wirtschaftswissenschaften
Political economy
Economie politique
Ciencias económicas
Экономические науки

Einzelverzeichnis der Sachgruppen bitte anfordern

Westdeutscher Verlag · Köln und Opladen
567 Opladen/Rhld., Ophovener Straße 1–3, Postfach 1620

MIX
Papier aus verantwortungsvollen Quellen
Paper from responsible sources
FSC® C105338

If you have any concerns about our products,
you can contact us on
ProductSafety@springernature.com

In case Publisher is established outside the EU,
the EU authorized representative is:
**Springer Nature Customer Service Center GmbH
Europaplatz 3, 69115 Heidelberg, Germany**

Printed by Libri Plureos GmbH
in Hamburg, Germany